U0289303

哪有女人天生会当妈？

新妈妈0~3岁科学育儿指南

赵君潇（暖暖妈） 著

人民东方出版传媒
东方出版社

图书在版编目（CIP）数据

哪有女人天生会当妈？：新妈妈0~3岁科学育儿指南 / 赵君潇 著. — 北京：东方出版社，2017.3
ISBN 978-7-5060-9564-8

Ⅰ.①哪…　Ⅱ.①赵…　Ⅲ.①婴幼儿—哺育—指南　Ⅳ.①TS976.31-62

中国版本图书馆CIP数据核字（2017）第048954号

哪有女人天生会当妈？：新妈妈0~3岁科学育儿指南
（NAYOU NÜREN TIANSHENG HUI DANG MA？：XIN MAMA 0~3SUI KEXUE YUER ZHINAN）

作　　者：赵君潇（暖暖妈）
责任编辑：郭　国
出　　版：东方出版社
发　　行：人民东方出版传媒有限公司
地　　址：北京市东城区东四十条113号
邮　　编：100007
印　　刷：鸿博昊天科技有限公司
版　　次：2017年6月第1版
印　　次：2017年7月第2次印刷
开　　本：710毫米×960毫米　1/16
印　　张：16.75
字　　数：214千字
书　　号：ISBN 978-7-5060-9564-8
定　　价：49.00元
发行电话：（010）85924663　85924644　85924641

目　录

第三篇　发育
0~3岁,宝宝生长发育重要阶段,错过不可逆

第四篇　疾病

每个家庭都会经历的宝宝常见病，新手父母如何应对

第五篇　误区
这些错了几十年的育儿大坑,千万别再跳了

第六篇　陪伴
初期安全感的建立，关乎孩子的一生

第七篇　辣妈
当了妈，也有爱美的权利

第一篇　母乳

打造孩子最初免疫力的重要一步

开奶、追奶、背奶全攻略，
如何做到轻松母乳到 2 岁

　　我是个比较坚定的母乳推崇者，暖暖从出生的第一口母乳开始，一直吃到 2 岁才真正地断奶。我对于哺喂的主张是只要有，就一定要坚持给孩子吃母乳。都说母乳是妈妈给孩子最珍贵的礼物，它比任何一种最昂贵的奶粉都多数十种宝宝身体需要的微量元素。不仅如此，母乳喂养的过程也是最好的建立亲子间亲密和信任的过程。这是脐带被剪断之后，妈妈和宝宝之间的又一重天然的链接。

　　我是个班妈，而且是外企里面很忙的那一种。经常出差，加班更是家常便饭。在这样的情况下，我依然让暖暖吃母乳到 2 岁，在 1 岁半以前，暖暖甚至没有吃过一口奶粉，这对于一个剖宫产妈妈来讲是多么的不容易。暖暖的生长曲线和智力发育一直都很好。母乳会根据宝宝的年龄自动调节营养成分的构成，所以很多人认为到了 6 个月以后母乳就没营养了，这完全是无稽之谈！

　　每天都有妈妈或者准妈妈问我关于如何下奶、如何催奶、如何背奶、如何实现全母乳喂养和自然离乳的经验。我总结了这篇文章，跟各位妈妈、准妈咪分享！

一、产前篇

我是个标准大"奶牛",在 30 周以后,乳头上偶尔就能挤出一两滴芝麻绿豆大的透明状液体。从孕中期开始,要注意时常清洁乳头,一方面防止结痂,另一方面也是增加乳头的柔韧性,为生产后的哺乳做好准备,以防柔嫩的乳头在宝宝的剧烈吮吸下会破裂(真的会哦,虽然我没有过,但是周围很多妈妈有过这样的痛苦经历,很疼很可怕!)。但要注意的是,37 周以前,清洁乳头时的刺激不能过于剧烈,否则会刺激宫缩的!

二、初生篇

正如现代育婴理念所倡导的,"早接触、早吸吮"永远都是实现母乳喂养最重要也是最关键的一步!在暖妈生宝宝的医院,宝宝生下来 5 分钟内就要跟妈妈进行第一次身体接触,半小时~1 小时内实现新生宝宝的第一次吸吮。但让人遗憾的是,现在还有大量的医院,在宝宝出生以后竟然会先立即将妈妈送回病房,而宝宝则在清洗干净、穿好衣服并喂饱奶粉以后才送回来!这样首先妈妈不能感受到宝宝的早接触、早吸吮,不能很好地分泌泌乳素,也就不能很快下奶。更严重的是,宝宝第一次吸吮的是奶瓶,容易产生"乳头混淆",再也不愿意吃妈妈的乳头了。

初生宝宝从妈妈体内带出的营养完全可以支撑 24 小时以上,刚出生时的吸吮只是生理现象而非饥饿的表现。而且宝宝一周内胃的容量很小,只有 5 毫升那么大,吃一点就饱一会就饿,所以刚开始几天宝宝总是 1 小时左右就哭闹也很正常。暖妈的最高纪录是生完的第三个晚上喂了暖暖 10 次!当时真的很累很辛苦,还偷偷地哭了一场。不过事实证明,不轻易添加奶粉是多么正确!熬过了这最重要的前三天,好日子就来了!作为一个剖宫产的妈妈,我从暖暖出生到 1 岁半,没有让她吃过一口奶粉,这也是我最为自豪的。

三、下奶篇

生完宝宝以后，婆婆妈妈们准备的各种下奶汤都来了。但注意，奶没通之时不能喝太油腻的汤！只能以清淡的蔬菜汤和稀粥类为主。否则奶管没通，而奶又来得急，那种胀痛会比生产时的疼痛更让人崩溃！而且有罹患乳腺炎的危险。一般 3 ～ 5 天后宝宝把奶管吸通了才能正式开始喝下奶汤。下奶汤的种类很多，花生炖猪脚、豆腐炖黄辣丁、鲫鱼汤、木瓜汤、丝瓜汤。暖妈当时坐月子在月子中心，基本是餐餐见肉、顿顿有汤的。但我每次都只喝一碗，这样既下奶又不会长胖。还有就是多喝水、多睡觉！喝水和睡觉也是奶水的重要保障。

在最初需要下奶的月子里，如果不能整天跟宝宝挂在一起经常对乳房进行刺激，那么备一个好的吸奶器也是非常重要的（吸奶器在后面产假结束上班之后的背奶功能更重要）。吸奶器的作用不仅仅在于吸出多余的奶，它对于乳头和奶阵的刺激功能在下奶中也不可忽视。在宝宝吃完以后，再用吸奶器进一步刺激和按摩乳房。一开始不在于能不能吸出，最重要的是刺激。如果能再次产生奶阵就最好了！奶真的会越吸越多！我用过美德乐swing 电动、美德乐 freestyle 电动、新安怡手动、小白熊手动四种吸奶器，应该说各有千秋。前两种美德乐的电动吸奶器我比较推荐，有刺激按摩功能，真的很舒服！

不过，需要注意的是，除非是妈妈着急上班，需要大量地囤奶，否则不要用吸奶器过度刺激乳房分泌过多的奶水。因为乳房是很智能的，会根据孩子的需要分泌供需平衡的奶水，这样既够孩子吃，又不会过多导致频繁涨奶。

四、催奶篇

大部分的"奶牛"妈妈在出了月子以后，最晚在宝宝 3 个月以后能实现供需平衡的全母乳喂养，还做不到的妈妈也千万不要难过。心情！！心情好永远是奶水好的第一前提！保持快乐的心情和能当个"奶牛"的自信是刺激大脑分泌乳汁的重要因素。如果已经过了 3 个月奶还是不够，或者宝宝已经产生了乳头混淆，这就需要催乳了。

对于容易产生乳头混淆和宝宝因为吸不出奶而不肯吮吸妈妈乳头的情况，推荐一个神器——美德乐的 SNS 辅助喂养器，像吊瓶一样挂在妈妈脖子上，另一头是一个小管子，让宝宝跟乳头一起含在嘴里。宝宝既能吃到奶，也能吸妈妈的乳头产生刺激。

出了月子，到了催乳的阶段，吸奶器还是非常重要的。如果奶不够的话，保证每次宝宝吸完都再用吸奶器刺激乳房。如果要暂时离开宝宝一两天，要记得根据宝宝吃奶的频率进行吸奶，以保证奶水不减少。当然宝宝在身边的时候最好还是让宝宝亲自吸，什么样的吸奶器都不如宝宝的吸吮刺激大。

很多人问暖妈关于药物催奶的办法。我奶太多，自己没有用到这些方法。不过与很多其他通过药物干预催奶成功的妈妈沟通，还是谨慎地推荐几种安全性比较高的。每个人的体质不一样，建议大家根据自身条件选择决定。匈牙利 HERBARIA 有机催乳茶、美国 Organic Mother's Milk 催乳茶、德国 Weleda 催乳茶、美国 GNC 葫芦巴胶囊，这四种是我身边的妈妈们试过效果不错的。不过建议大家还是以宝宝多吸为主，毕竟勤吸还是王道！

五、背奶篇

虽然全职妈妈可以每天陪在宝宝身边，在宝宝有需要的时候可以随时喂奶的状态很让人羡慕，但是大部分的妈妈在产假过后，还是需要回到工作岗位上。

但是，繁忙的工作，对事业的追求都不应该成为放弃母乳的原因。在陪了暖暖 6 个月之后，我也成为万千背奶妈妈中的一员。

首先需要普及的是，冷藏的母乳，包括冷冻后解冻的母乳，在营养成分上跟新鲜的母乳是没有任何区别的。但是因为酶的原因，解冻后的母乳会觉得比较腥，这是正常的。

因为工作性质的原因，我工作的地点往往是多变的。所以不管是母婴室、商场试衣间、机场候机室、公司会议室甚至是客户公司的洗手间，都留下过我吸奶的身影。对于班妈来讲，我强烈推荐美德乐的 freestyle 双头吸奶器，很快就能解决战斗。吸奶后，洗净双手，将母乳导入密封的储奶袋中，然后放进冰箱冷藏（如果办公室没有冰箱，可以用带蓝冰的冰包代替）。

至于母乳的储藏，放在冰箱冷藏箱里一般可以存放 24 小时。如果是放在冰箱柜门上或者是宾馆的迷你冰箱里，可保存 12 小时。在这时间内，如果吃不完，必须冷冻起来。立式冰箱的冷冻箱，母乳可以保存 3 个月。如果是专门用于储藏，不会经常开关的冷柜，冷冻母乳的保存时间可长达 6 个月。需要解冻的时候，拿出一袋母乳，放在室温或者冷藏箱里自然解冻即可。解冻后的母乳需要在 6 小时内喝完，不能再次冷冻。

暖暖从月子里就喝过冻奶，直到 1 岁半都在喝，不管

是身体还是智力，都一直发育得很好，所以妈妈们不用有任何的担心。

　　最后提一下大家关心的母乳是否会导致乳房下垂的问题。我可以很负责任地回答，真正导致乳房下垂的不是母乳，而是重力和地球引力。我的经验是在哺乳期间和断奶后，都要锻炼身体，经常做扩胸运动和胸推运动，所以至少我在母乳两年后，没有出现下垂的现象。

没有奶不够的妈妈，
只有不会喂奶的妈妈

网上曾有一句话广为流传："没有奶不够吃的妈妈，只有不想喂奶的妈妈。"

暖妈也是个比较坚决的母乳推崇者，对于哺喂的主张是：只要有，就一定要坚持给孩子吃母乳。但是对于那些没有坚持母乳的妈妈，真的不要一味地指责她们"不想喂奶"、"没有毅力"、"不负责任"、"不合格"等，毕竟在母乳的路上，存在着来自父母公婆、职场工作、身体状况等各种阻力和压力，要排除干扰和困难坚持下去实属不易。

不过，如果因为妈妈自己信心不足、喂养知识欠缺、哺乳方式不当等原因而放弃母乳喂养，那就非常可惜了。

实际上，除了极少数妈妈是因为身体疾病等原因确实无法实现母乳喂养之外，99% 的妈妈都完全可以实现纯母乳喂养。以上妈妈们充满焦虑的自我质疑，其实都不是什么大问题，更不应该成为放弃母乳的理由。所以，前面那句话应该改成"没有奶不够的妈妈，只有不会喂奶的妈妈"。

一、新妈妈没有母乳，孩子必须吃奶粉？

一般来说，新妈妈在产后的两三天内开始产奶。于是很多人（尤其是老人）会担心新生的小宝宝饿到，所以迫不及待地喂奶粉。

第一口奶粉的危害有多大？婴儿出生后只要接受过一点配方奶粉，就有可能对牛奶蛋白过敏，日后出现湿疹、过敏的几率会增大。另外，用奶瓶喂奶粉不好掌握孩子的食量，容易造成过度喂养。如果孩子习惯了轻松的奶瓶喂养方式，不愿意费力吸吮母乳，妈妈的母乳就会越来越少，造成不良循环。

那新妈妈没有奶的时候宝宝吃什么？总不能饿两三天吧？没问题的！

崔玉涛大夫说：刚出生足月的婴儿皮下脂肪为棕色（正常人皮下脂肪为白色），是很好的能量储备，可供婴儿生后三天的所有消耗。

所以，产后半个小时内就要让宝宝吸吮妈妈的乳房，以刺激母体的泌乳反射，使妈妈尽早产生乳汁，这才是最好的母乳喂养开启方式。

二、孩子出生后体重下降是母乳的问题？

宝宝出生后一周内，由于排出胎便、睡得多吃得少等原因，会出现"暂时性体重下降"（又叫"生理性体重下降"）。这种现象一般持续10天左右，就会恢复甚至超过出生时体重。这是非常正常的现象，据此认为母乳不足或者营养不够真是无稽之谈。在此期间，只要体重下降没有超过出生体重的7%就不必担心，放心踏实地坚持纯母乳喂养吧。

当然，如果宝宝体重下降超过7%，就要考虑是否喂养不当或是疾病因素，及时遵医嘱采取措施。

三、乳房小或软就是没有奶？

首先，乳房大小是由内部脂肪的多少决定的，而决定奶量的是乳腺组织的结构和数量，只要乳腺组织发育正常，平胸和胸小的妈妈也完全能实现母乳喂养。

至于乳房软趴趴没有涨奶的感觉，也不一定是因为没有奶。经过一段时间的磨合，宝宝的食量跟妈妈的母乳供给量会实现供需平衡。也就是说，孩子需要多少母乳，妈妈就会产多少母乳，随吃随有，现产现销，妈妈乳腺畅通不会涨奶，这是一种非常奇妙和理想的状态。

那么，怎么判断乳房到底有没有奶以及宝宝是否吃饱呢？

一是看大便的颜色。宝宝的大便在头一周应该是黑色，然后变成绿色，再变成棕黄色。等吃到了富含营养的后乳，大便就会变得金黄。前两个月宝宝一般一天至少有 2～3 次大便，有的宝宝甚至每次吃完都会大便。

二是看小便的次数。宝宝在出生三天以后，每天要尿 6～8 次。小便是淡黄色或无色，每次的尿量能浸透尿布。

三是宝宝在吃奶时连续吸吮几下就会有"咕嘟、咕嘟"的吞咽声，吃奶后会表现出明显的满足感，不吃奶时精神状态也很好。

四是喂奶后，妈妈的乳房会从有涨感变得柔软，如果不喂奶就会溢奶。

五是可以参考世界卫生组织发布的儿童标准身高体重表，看看宝宝的体重是否按照正常规律增长。

如果由于种种原因确实奶水不足，也不要轻易放弃母乳喂养，可以通过充分休息、多喝下奶的汤水、坚持让宝宝吸吮、适当按摩乳房、保持好心情等方式追奶。

即使是临时补充奶粉，也要先让宝宝吸吮乳房，宝宝频繁有力的吸吮，是刺激母乳分泌的最重要条件。

四、宝宝突然不吃奶了是几个意思？

厌奶现象分为"生理性厌奶"和"病理性厌奶"两种。病理性的往往会伴随呕吐、腹泻、发热、哭闹、精神变差等症状。病理性厌奶的情况其实是比较少的，大多数情况下的厌奶都属于生理性厌奶。

生理性厌奶是怎么回事呢？也分两种情况。

当宝宝遇到打防疫针后的不适、出牙疼痛、肠绞痛、腹胀等生理发育过程中的小 bug，就会不愿意进食，通常几天就会恢复正常，这种叫生理性厌奶。

两三个月大的宝宝如果吃奶量突然减少，但活力、体重都正常，这主要是小家伙在按身体实际需要和食欲来调整奶量；4～6个月的宝宝，神经系统逐渐成熟，对外界感到无限好奇时，家长的动作、语言、外界的声音等都会分散宝宝吃奶的注意力。另外，这个阶段孩子开始接受辅食，如果添加了有甜味或咸味的食物，小家伙就会喜新厌旧不肯接受母乳了。这几种情况叫心理性厌奶，持续时间长短视情况而定，一般不超过一个月。

一旦宝宝有厌奶的表现，家长要有针对性地给予配合，比如给孩子创造安静的吃奶环境、逐渐减少有味道的辅食、换用勺子等新餐具等，经过一段时间的调整，宝宝会顺利度过生理性厌奶期，重新爱上甜甜的母乳。在此期间，不必强迫喂奶，让孩子对吃奶产生压力，也不必焦虑地唉声叹气，别把坏情绪传染给孩子。

五、喂奶太累？可能是你姿势不对。

如果喂奶姿势不对，会让妈妈乳房不能很好地排空，并因为乳头被咬破、身体疼痛不适而讨厌喂奶，而对宝宝来说，乳汁不能顺利吸入嘴里，吃奶时间长而且累，会因为受挫而情绪烦躁、哭闹，甚至影响生长发育。

通常，摇篮式、交叉摇篮式和侧抱式（橄榄球抱式）是比较推荐的喂奶姿势，如下图：

摇篮式　　　　　　　　交叉式　　　　　　　　侧抱式

当然，妈妈们也可以和宝宝自创一些姿势，只要不违背基本的原则就可以，即要保持宝宝身体和头部的对称，让宝宝头部和身体都面向妈妈的乳房，保证耳朵、肩膀、臀部外侧成一条直线，宝宝要含住乳晕而非衔着乳头。

只有采取正确规范的哺乳姿势，妈妈和宝宝们才能心情愉快地享受母乳的美好时光！

暖妈说

母乳的路上可能充满了各种各样的问题，幸运的是，大部分常见问题都是可以预防和及时处理的。当然，要想顺利通过重重关卡，成为母乳喂养的胜利者，妈妈们除了要保持坚定的信心，战略上藐视"敌人"外，还应该在备孕时就提前看一些经典科学的育儿书籍，从战术上做好充分准备。这样，当问题陆续出现的时候，不仅不会手足无措挫折感满满，还可以底气十足地对那些动不动就劝你放弃母乳的人说一声："我的孩子我乐意喂，谁再说我母乳不足我就跟谁急！"

专坑母乳妈妈的五大谣言，
你可千万别上当

一般来说，宝宝 6 个月前，母乳妈妈们的哺乳之路还算平坦；一旦到了 6 个月后，妈妈们的压力简直与日俱增；而如果坚持喂到 1 岁后，就请做好心理准备迎接来自父母、公婆、老公、同事、小区大妈、路人甲乙丙丁……的狂轰滥炸吧。

每个人都带着过来人的身份、使用各种渠道得来的经验，对你的哺乳行为指手画脚，各种版本的母乳无用论、母乳有害论铺天盖地而来，犹如唐僧的紧箍咒一样成为挥之不去的头疼事。

如果妈妈们没有一点科学常识防身，真的就要在这唇枪舌剑的轮番攻势中败下阵来了。有不少妈妈，在外界力量的影响下仓促断了母乳，很久之后才得知谣言的真相，直呼后悔。

所以，各位母乳妈妈们，如果你想坚持哺乳，一定要先学会应对这些谣言的反攻技能哦！

谣言一：来例假意味着母乳有毒了，必须断奶

反攻技能：母乳期间，身体泌乳素含量较高的时候，会抑制促进排卵和子宫发育的生育激素；一旦喂奶时间或次数减少、泌乳素分泌减少时，

生育激素"占了上风"，于是就会来例假，这是很正常的生理现象。

在此期间，母乳量可能会有所减少，乳汁的成分可能会有水分和脂肪减少、蛋白质增多的变化，但并没有产生有害物质，对宝宝也根本谈不上有任何危害。

如果母乳量减少，则更应该让宝宝多吮吸，并在饮食中增加汤水、鱼肉、牛奶等，奶量很快就会恢复。

谣言二：哺乳期生病不能吃药，吃药就不能再喂奶了

反攻技能：在哺乳的两年时间里，暖妈也曾有过头疼脑热、咳嗽流涕等小毛病，为了保证母乳的质量，我改掉了之前一生病就吃药的习惯，硬是扛过了那几次小病。而现在，我的身体越来越好，温度跳水的时节也很少出现不适。

所以，有妈妈咨询我哺乳期生病能不能吃药的时候，我通常都会建议：不是严重的、难受的病，先不吃药。这不仅是为了孩子，也是为了自己的身体。

当然，如果病情比较严重，还是需要服用药物的，妈妈们不用因为担心影响哺乳而不敢就医。医生会根据你的情况开一些相对安全的L1、L2级药物，使用外用药膏或药效时间短的药物等。你也可以在医生的指导下，通过调整喂奶与服药时间来避免药物对宝宝的影响。

谣言三：你的奶水没营养了，孩子都瘦成什么样了，人家 XX 家的孩子吃奶粉吃得胖乎乎的

反攻技能：先说说奶粉和母乳的差别吧：配方奶粉是以人类母乳的营养作为参考标准，以母乳中发现的蛋白质、脂肪、碳水化合物、维生素、矿物质和水的比例制造出来的奶粉。蛋白质、脂肪和碳水化合物这三种最基本的营养物质取自牛奶、大豆或其他植物（玉米糖浆或蔗糖），而维生

素、矿物质和其他营养物质是人工制造出来的……

千方百计按照母乳的营养成分"复制"出来的奶粉，难道真的比"原装天然"的母乳好？那为什么各大奶粉品牌商的宣传语都只自称"营养接近母乳"，从未敢说"营养等于或大于母乳"？

那么，为什么吃奶粉的宝宝容易胖？母乳中的蛋白质在新生儿时期比较高，之后就会逐渐降低，这是因为人类不需要那么高的蛋白质，而需要 DHA 来发育大脑。配方奶粉里含有的蛋白质含量往往比母乳更高，而且不会像聪明的母乳一样跟着宝宝不同时期的需求而变化。

另外，还有一个原因是用奶瓶喂吸吮不费力，容易喂养过量。更不用说因为个体差异和遗传问题，并非所有的奶粉宝宝都比母乳宝宝看起来强壮。

无论宝宝到了多大，母乳都会提供丰富的营养。只是宝宝 6 个月以后，单独靠母乳不能满足其快速生长发育的需求，需要及时添加辅食而已。可能是这个说法被以讹传讹，变成了"母乳没有营养"，实在很让人无语。

当然，有很多妈妈因为种种原因不得不给孩子断母乳喂奶粉，这也无可厚非，只是不要用奶粉宝宝的片面现象来诋毁母乳妈妈的喂养成果，这既不科学，也不公平。

有些妈妈自己看到挤出来的奶水又清又稀，也认为母乳没有营养了，其实这是因为你看到的是前奶，经过宝宝的吮吸，两三分钟后就会分泌出来白色浓稠，富含脂肪、蛋白质和乳糖的后奶。

谣言四：孩子天天吃奶，都不好好吃饭了，断奶吃饭才是正经事

反攻技能：吃饭跟母乳有必然联系吗？生活中，既有吃母乳的同时好好吃饭的孩子，也有断了奶仍不好好吃饭的孩子。

宝宝不好好吃饭，先从辅食的美味度和喂养方式上找原因。有的家庭早早在辅食中添加盐分、果汁、调味品等，导致宝宝重口味，一旦不加太多调味品就不肯吃饭；有的家庭喜欢追着孩子喊"再吃一口、最后一口"，非得塞到孩子对吃饭产生心理恐惧才肯罢休；有的呢，怕孩子没吃饱饿着，零食点心随时供应，到了餐点孩子又不好好吃饭，形成恶性循环。

你看，孩子不好好吃饭有这么多原因，为什么要把母乳当作推卸责任的万能法宝呢？

谣言五：别太娇惯孩子，吃奶的孩子依赖性强，越大越不好断

反攻技能：母乳妈妈喂的不仅仅是奶，更是和宝宝亲密相依的温柔时光，宝宝能听到妈妈熟悉亲切的心跳、能触碰到妈妈柔软温暖的肌肤、能感受到妈妈眼中的爱意、能听到妈妈在耳边哼唱摇篮曲的天籁之音……

而当宝宝一岁后，开始经历蹒跚学步、分离焦虑、社交恐惧等种种挑战时，被妈妈抱在温暖的怀里吃奶更能满足孩子的心理需求，那是妈妈无声的安慰和鼓励：别担心，勇敢向前，妈妈一直在你身边！

所以，母乳不仅仅是一种食物，更是我们能给予孩子的最宝贵的感情财富，是孩子人生最初安全感和归属感的来源。

我不担心我的孩子会因为吃奶而被娇惯，我只担心我给他的爱还不够多。我要给他充足的安全感和归属感，让他长大后能更好地适应分离，充满信心和勇气地去面对那个大大的未知的世界。

GET 了这些谣言反攻攻略，是不是顿时感觉战斗力爆棚，又有了继续战斗的力量？

那么，母乳到底应该喂到几岁？

综合中国营养学会、美国儿科学会、世界卫生组织与联合国儿童基金会等权威机构的建议：纯母乳喂到 6 个月为佳，鼓励继续母乳喂养到 2 岁或以上。

现在社会各界都在提倡母乳喂养，不仅仅是因为大家都逐渐意识到了母乳喂养的重要意义，更是因为当下的母乳喂养率已经多年持续下降。

在外界种种不利条件下，当母乳妈妈克服身体、心理、工作等重重压力，还要坚持给孩子喂一口奶的时候，她不一定需要你帮什么忙，唯一需要的是，请你不要拿那些未加考证的谣言来打击她们的信心、诋毁她们的努力、消解她们的勇气。

暖妈说

对于母乳妈妈来说，要想顶得住来自周边那些好心但无知的劝告，唯一的办法，就是用正确的、科学的育儿知识充实自己，不人云亦云，不摇摆不定，好好地享受这一段短暂而又美好的哺乳时光。

无论你经历了多少次孤军奋战的辛酸、多少个憔悴不堪的不眠之夜，相信我：这是你一辈子都不会后悔的坚持。

一年半的夜奶一周断，
如何科学给宝宝断夜奶

作为一个母乳到 2 岁的妈妈，我一向是母乳的忠实拥护者。写了无数母乳的心得，很多妈妈问我："暖妈，我好想睡个整觉啊！求怎么断夜奶！"我的夜，是你不懂的黑。每个母乳妈妈都会经历那些因夜奶而不完整的睡眠，和夜间闹钟一般定时响起的哭声。

一直没写断夜奶的心得，是因为比起经验来说，可能我有的更多是教训。因为经常加班到很晚才回家，所以夜奶的时光对我来说，更是一种难得的亲子交流方式，所以在暖暖 1 岁多以前，我们还一直保持着每晚 1 ~ 2 次左右的夜奶频率。

暖暖 1 岁半的时候，我终于下决心要给她断夜奶了。除了夜醒对我第二天精力的影响，这还是次要的，更重要的是，每晚 1 ~ 2 次的夜奶，既影响了宝宝的休息和生长发育，同时更增加了龋齿的风险。

最终的结果当然是好的，一个星期左右，暖暖吃了一年半的夜奶终于成功的断掉了。从那个时候开始，她基本上可以做到从晚上 9 点左右，一觉睡到第二天早上 6 点。当然了，任何的方法都不能一蹴而就，也不一定适合所有的宝宝。这篇文章，是我在研究了多部国外权威著作，加上国内著名儿科专家张思莱、崔玉涛等专业建议，同时也结合我自己的经验总结而成。不求全对，只希望能对还在无尽的夜奶中痛苦煎熬的爸爸妈妈们一点帮助。

一、到底是谁没有做好断夜奶的准备

暖妈是西尔斯亲密育儿的忠实拥趸，所以也坚决支持，在宝宝6个月以前，应该完全地按需喂养。那些完全不考虑小宝宝的生理需求和心理需求，一上来就不分青红皂白，统一用哭声免疫法对待刚出月子的小宝宝的行为，暖妈绝对不支持。

但是，从生理需求上说，一般9个月以后的宝宝，就完全可以不用夜间进食了。这个年纪以后的夜奶，基本上都是出于心理需求。夜奶对于他们来说，更是一种对妈妈的心理依赖。

但另一些的时候，我们也要扪心自问，到底是谁没有做好断夜奶的准备。能这么说，因为暖妈也是过来人。作为一名班妈，因为工作繁忙，经常回家以后暖暖都快睡觉了。所以每晚的夜奶时光，也是我们母女间心与心交流和沟通的最好方式。白天再累，夜里拥她入怀吃奶的感觉，是一种内心深处的踏实。虽然理解，但不得不说，1岁以上的宝宝再吃夜奶，的确对他的生长发育是不利的。所以暖妈的建议是，在宝宝9个月以后，最晚到1岁以后，应该要断掉夜奶。

二、做好断夜奶的准备工作

工欲善其事，必先利其器。要成功地做到一周断夜奶，一些必要的准备工作要做好。

1. 分床不分房

在断夜奶的方法中，有一个最基本的准备工作就是"断念想"。试想一下，如果要让一个烟迷戒掉抽烟，却又每天把一包中华放在他面前晃来晃去，会是怎样的效果。其实对于宝宝来说是一样的，吃奶的时候含住妈妈奶头或者奶瓶的感觉，是一种心理和生理上的极大安慰。所以断奶的第一步，就是要让宝宝和妈妈保持一点恰当的距离。

以前有个土办法，就是宝宝断奶的时候，妈妈直接消失几天。这种办法看上去很残酷，但却总是很奏效。当然暖妈并不支持这种"消失法"，因为宝宝晚上醒来既吃不到奶，还看不到妈妈，对小宝宝而言是更深的绝望。比较不错的办法是，让宝宝睡在大床旁边的小床上，或者夜里暂时跟爸爸或者老人睡。宝宝需要妈妈的时候，妈妈既能迅速给予安抚，又不至于承受宝宝整晚都睡在妈妈身边，闻着熟悉的奶香，却吃不到奶的那种痛苦。

2. 准备两个创可贴

有些妈妈会说，我也知道应该分床，但是宝宝已经跟我一起睡了这么久，立即分床不现实啊！如果是这种情况，那暖妈就建议准备两个创可贴吧！不知道该贴在哪儿？当然是贴在妈妈的奶头上啊！（说是不是贴在宝宝嘴上的人你出来，我保证不打死你！）

在奶头上贴创可贴其实跟第一个建议一样，都属于"断念想"的办法。给暖暖断夜奶的时候，我就贴了两个3M的防水贴。暖暖醒来哭着往怀里钻，要吃奶的时候，我告诉她，妈妈的NEINEI生病了，不能吃了。每次暖暖都摸摸的确是没有了，哭得也没那么厉害了，哼哼唧唧了几声就睡了。

3. 不要奶睡

很多小宝宝习惯于奶睡，其实对于长牙之后的宝宝来说，奶睡不是一个好习惯，因为牙齿长期受到母乳（或者配方奶）的浸泡，会容易产生龋齿。另外，一旦宝宝习惯了只有吃奶才能睡着，半夜醒来之后，也必须吃到奶才能再次入睡，这个对宝宝的断夜奶和睡眠都是很不利的。

所以，对需要断夜奶的宝宝来说，首先应该戒掉奶睡，改为搂抱、哼唱等方式的哄睡，或者直接让爸爸来承担哄睡的责任。

4. 吸水性强大的纸尿裤

对有些宝宝来说，晚上如果有尿意，或者屁屁湿了不舒服，很容易导致频繁的夜醒，所以这也是暖妈坚决不支持把尿和使用布尿布的原因之一。因为一旦夜醒，有可能很难入睡或者需要吃奶才能再次入睡。所以，选择吸水性强大的纸尿裤，至少能保证宝宝的屁屁一晚上都是干爽的。

5. 全家人的观点保持一致

在断夜奶这件事情上，还有一个重要的原则，就是一定要全家人观点一致。千万不要宝宝刚哭了两声，爷爷奶奶姥姥姥爷就心疼得要命，站出来催促给孩子喂奶；或者是爸爸被孩子吵得睡不着，责备妈妈说干脆你给他吃点奶让他赶紧睡了得了！最亲的人之间都意见不统一，宝宝更觉得不知所措，妈妈也容易因为身心俱疲而放弃。

三、断夜奶的方法

刚才说了断夜奶的 5 个准备工作，如果都确保没问题了，那暖妈接下来再分享下真正的断夜奶方法吧！

1. 睡前那顿要吃饱

这一点很重要，因为要让宝宝不吃夜奶，首先需要保证他晚上真的不饿。所以睡前的这一顿很重要。一般建议在 8 点半睡前，喝一顿足量的奶。

很多妈妈问暖妈，是否可以在睡前加一顿米糊？暖妈的建议是，具体问题具体分析。首先要看宝宝的年纪所对应应该有的辅食量和辅食种类。适当加一点米糊不是不可以，但是还是要注意把握好量，因为如果宝宝睡前吃得太多太撑，不仅会给宝宝肠胃造成负担，也有可能因为撑胀感导致不易入睡。

2. 每晚延长间隔时间

除非少数的天使宝宝，对大多数孩子而言，断夜奶都必然伴随着哭泣和反复，这个是正常的。暖妈不建议使用哭声免疫法，但这也并不等于宝宝一哭我们马上就喂奶。正确的方法是，每天晚上延长从宝宝哭着醒来要吃奶，到最后给奶的间隔时间。

比如，宝宝如果习惯在晚上 2 点醒来吃奶，第一天晚上，先安抚 5 分钟再给奶；第二天晚上，延长到安抚 10 分钟再给奶；第 3 天晚上，延长到 20 分钟；第 4 天晚上，半个小时……以此类推，有可能到了第 5 天，我们会突然发现宝宝已经不再半夜醒来了，可以直接到下一顿奶了。

当然，这个延长的过程，并不代表我们就放任孩子去哭而什么都不做。在延长间隔时间的过程中，我们可以给予除了喂奶之外其他所有的安抚方法，包括抚摸、轻拍、抱起等各种方式。

3. 加点水试试

除了在喂奶时间上不断延长之外，同时也要在给宝宝的奶量上"动点手脚"。如果是吃配方奶或者母乳瓶喂的宝宝，可以每次加多点水，冲淡奶的味道，最后过渡到直接喂水，再到连水也不用喂。如果是纯母乳的宝宝，可以每次缩短夜奶的时间，如果贴了创可贴的妈妈，也可以直接喂水。让宝宝产生"为了喝点水还要醒来一次哭这么久不值得"的感觉，就算成功了。

4. 用拥抱、耳语、走动、哼唱的方式代替喂奶

前面也说到了，对于 9 个月到 1 岁以上的宝宝来说，再吃夜奶已经不是一种生理上的需求，而是一种习惯和对妈妈的心理依赖。这个时候，需要妈妈或者其他亲人在另外的方面给予更多的呵护和陪伴，去抚慰宝宝吃不到夜奶所感受到的伤心。抚摸孩子的后背、搂抱、耳语、抱起来走动、轻轻哼唱等都是不错的办法。在暖暖断夜奶的过程中，她特别喜欢听我唱那首经典的《小燕子》，我就抱着她一边走一边唱，重复地唱。通过重复哼唱音乐来减少对她哭声的回应，她的哭声也就慢慢微弱下去，渐渐地再次睡着了。

写完上述的心得，暖妈更想说的是，建议 1 岁断夜奶，绝不等于要 1 岁断母乳。我就是个坚持把暖暖母乳到 2 岁的班妈，只有妈妈和宝宝在晚上睡觉的时候都休息好了，白天才能更好地亲子互动。暖妈也以亲身经历告诉那些因为舍不得夜奶时光而不愿给宝宝断夜奶的班妈们，对宝宝爱的表达有很多种，即使不能整天相陪，睡前一小时的高质量陪伴以及早上醒来一个温柔的轻吻，都能让宝宝感觉到你的爱意。

暖妈说

没有一种断奶方法是完全不哭不闹、100% 温和的。即使是 1 周断掉夜奶的暖暖，我也有过抱着大哭的她在屋子里走动半小时以上才止哭哄睡的经历。对宝宝来说，断夜奶是心理逐渐走向成熟的重要一步，希望妈妈们多一些理解，也多一些耐心。

春天是最好的断奶季节？
知道这些才不会走弯路

有位读者妈妈小欧向暖妈大倒苦水："暖妈，这不春天了吗？老人说春季断奶合适，我正给宝宝断奶呢。但是宝宝完全不配合啊，晚上吃不到奶就哭得上气不接下气，一直哭得精疲力竭才会睡一会儿，而且睡得也不踏实，过不了多久又会哭醒，搞得我几个晚上都没怎么合眼。看着宝宝哭，我也心疼得直哭，再加上奶水涨得厉害，我真的要崩溃了。婆婆说，就是因为宝宝每天都能看到我，所以戒不掉，难道我真的要出去躲几天吗？！你说我断个奶怎么就这么难？！"

我特别理解她的心情，正好也借这个话题，跟各位妈妈聊聊春季断奶的事情。

天气一天天暖和起来了，想必很多妈妈也像小欧一样，着手或准备给宝宝断奶了吧？

因为冬季天气太冷，宝宝可能因为断奶晚上睡眠不安，容易感冒生病；夏季气温高，容易引起宝宝烦躁不适，这个时候断奶有可能会加重宝宝因断奶引起的食欲不振或肠胃不适，发生呕吐、腹泻。所以，春季确实是给宝宝断奶的好时机。

很多妈妈说，时机是没错，可是宝宝哪会管这些，吃不到奶的反应就跟天塌了一样。看着宝宝撕心裂肺地哭着往自己怀里拱，妈妈们简直百爪挠心备受煎熬啊！暖妈也常常接到妈妈们的咨询，问我有没有方法可以让宝宝不哭不闹顺利度过断奶期？

我能理解妈妈们的心情。无论对妈妈还是宝宝来说，断奶都是一件大事。数百个日夜亲密无间的相拥相依，你听得到我温柔的心跳，我听得到你甜甜的吞咽，四目相望时，一切外物都不存在了，我们就是彼此的全世界。那真是只有母乳妈妈和孩子之间才存在的最奇妙、最美好的感情链接。所以有一天，当这个链接被断开的时候，不仅宝宝，连妈妈都不大可能很快适应。

但是，或早或晚，奶都是要断掉的。如果到了非断不可的时候，该怎么做才能让这个分离的过程少一些哭闹和揪心，变得缓和而顺利一点呢？暖妈回想了一下以前暖暖断奶的过程，又询问了身边很多朋友，总结了一些关键点，把握好这些，相信宝宝断奶的过程就没那么虐心了。

你和宝宝，都做好断奶的准备了吗？

暖暖是在 2 岁以后才断奶的，在暖暖 1 岁左右，就有很多长辈好心对我说，应该断奶了，奶已经没有营养啦，而且孩子这么大了还赖着吃奶，对心理发育也不好，不能这么惯着孩子，云云。

我想每个妈妈可能都听过这样的话吧，这些话出现的高峰期是孩子 1 岁左右，有的甚至孩子刚 6 个月就被热心人督促断奶了。关键是，暖妈还听到不少妈妈也认为 1 岁左右应该断奶。

1 岁给孩子断奶对不对呢？没什么不对。

但其实，最佳的断奶时机不是看具体的年龄点，而是看"宝宝吮吸需求是否消失"。通常宝宝吮吸需求消失的时间是在 9 个月到 3 岁半之间。也就是说，最佳的断奶时期其实是一个时间段，而不是一个固定的时间。

所以，什么时候断奶，不用听从别人的好心劝告，也不用完全遵照别人的经验，因为每个孩子和妈妈的情况不一样，不能生搬硬套。

最好的断奶前提是，你和宝宝都感觉已经准备好了：宝宝的吮吸需求不再那么强烈，你也感觉哺乳的辛苦大过快乐，那么你们双方就可以在一种比较平和的氛围中进行断奶。

而如果妈妈的奶水仍然充足，妈妈和宝宝也都很享受哺乳的时光，这个时候强迫断奶对双方都是一种折磨，不是吗？别担心延长哺乳"会造成宝宝过度依赖"，相反地，这样还能给宝宝更多的安全感，让孩子日后实现更好地独立。

断奶就是要坚决，必须一刀切？

暖妈很佩服的一类人就是特别有毅力、自控力特别强的人，比如有个男性朋友，下决心减肥后就立马把那些容易增肥的食品列入黑名单，真的可以做到一口也不吃，每天坚持一定量的锻炼，只用了半年，小肚腩就变成了八块腹肌。

如果把这种方式移植到断奶上，成功率肯定也比较高。但是，在断奶这件事情上，暖妈却觉得这不是一个最佳的方式。

比如前面提到的小欧，她断奶就特别仓促，从婆婆建议断奶开始，就从之前的一天喂好几遍，一下变成一口也不喂。没有缓冲、没有前奏，这对于年幼的、毫无准备的孩子来说无疑是一件残酷的事，怎能不哭得昏天黑地。而且妈妈的乳房从供需平衡突然间失衡，涨奶的痛可是比生孩子的痛还高一级啊，妈妈也要经受很大的折磨。这种断奶方式，特别损害母子的亲密感情，严重的话妈妈和宝宝都会患上分离焦虑症。

我觉得宝宝断奶更好的方式应该是循序渐进，这个过程包括心理上的和生理上的。

从心理上：从打算断奶开始，就要用讲故事的方式跟孩子沟通，比如："妈妈的 NEINEI 里住着两只奶精灵，等宝宝长大后，奶精灵完成了使命，就会飞走啦，去给别的小宝宝送食物了。"浅显易懂的语言和生动活泼的故事，可以积极暗示宝宝，让宝宝逐渐建立起这样的意识：断奶是一个很有成就感的长大的标志。

从生理上：妈妈可以采取渐进式断奶，比如一开始只给宝宝减少一次母乳，待宝宝较为习惯以后再减少一次，同时逐渐添加其他辅食。还可以在减少母乳次数的同时，减少每次哺乳的时间、增加哺乳间隔。另外，最好从白天开始减少哺乳，因为白天新鲜事物多，宝宝更容易分散注意力。

有时候宝宝可能还会有一个反复期，明明已经每天只吃一两次母乳了，突然又缠着妈妈要吃更多的母乳。这都是正常的，妈妈也不必着急，继续按以前的方式逐渐减少母乳就可以了。我们身边很多事情都不是按着预期完全顺利进行的，一波三折是常有的事，解决那些事情咱们都挺有耐心，何况是面对咱亲生的孩子，你说是吧？

宝宝断奶，妈妈一定要躲起来？

断奶时妈妈要不要与孩子隔离，这是争议蛮多的一个点。

"妈妈不躲起来，宝宝看见妈妈就想吃奶，想吃却不给吃，这多残忍啊？！"

"可妈妈躲起来，宝宝本来就没办法吃到母乳，还不能见到妈妈，他会觉得妈妈不要他了，不是更残忍吗？"

先举两个实例吧。

朋友大薇采用的就是全隔离的办法。平时只要大薇下班回家，儿子第一件事就是要妈妈抱进里屋喂奶。儿子 1 岁 8 个月的时候，大薇发现：若是某天加班没按正常时间回家，儿子也没有特别强烈的想要喝奶的反应，自娱自乐玩得挺好。正好公司有一次大薇期待的出差机会，于是决定就此断奶。大薇跟儿子报备了一下，告诉他妈妈回来会买礼物给他，然后就飞外地了。等一星期后回来，儿子除了偶尔哼唧几声要吃奶，并没有太强烈的情绪，就这样成功断奶。

但是，小紫的宝宝断奶时，此路就不通。小紫不在家，宝宝整晚都不能安睡，哭得声音都哑了。辅食吃得也不好，几天后宝宝还病了一场，小紫再也没法狠心坚持了，火速回到孩子身边接着喂奶。这次分离断奶计划算是失败了。

那么，到底该不该隔离断奶呢？其实暖妈的意见还是：根据妈妈和孩子的情况来定。

如果你和孩子已经做好了断奶的准备，孩子也有了一定的安全感和独立性，那么尝试隔离断奶没什么大问题；如果孩子母乳依恋强烈、平时给予孩子的安全感又不足，那么不要轻易尝试这种方式。

暖妈这两天问了很多朋友，觉得其中一位朋友的方法很不错。总结起来，大概就是"适当隔离"的方法，即在宝宝断奶期，妈妈不必消失不见，但是要由照顾孩子生活起居的头号角色退居二线，由爸爸或其他家人主要负责照顾孩子。

比如宝宝平时该吃奶的时间到了，妈妈回避一下，让其他人给孩子喂奶粉或辅食，等宝宝吃饱喝足了，妈妈再出现，跟宝宝一起玩游戏、讲故事。慢慢地，宝宝会把妈妈跟更多有趣的事联系起来，而不是见到妈妈第一时间就想到喝奶。

断奶的时候，比起孩子的难，妈妈们其实更难。

吃奶时间长一点，妈妈们担心对孩子成长不利；断奶期宝宝哭闹，妈妈们怀疑自己是不是个好妈妈；而当宝宝有一天终于完成断奶"大业"，我想每位妈妈心里又会有无尽的失落吧。就像暖暖自然离乳时虽然很顺利，但是在她彻底不再喝"妈妈奶"的那一天，我真的还是失落了好久。

不过，就像纪伯伦的那首诗：

你们是弓，
你们的孩子是从弦上发出的生命的箭矢。

那射者在无穷之中看定了目标，

也用神力将你们引满，

使他的箭矢迅疾而遥远地射了出去。

暖妈说

孩子借由我们而来，一步步去往更广阔的世界。再不舍，我们也一定会给予全部的祝福。

好在，孩子与妈妈之间的链接远不止母乳，还有很多美好的时刻等着我们一起去经历、去享受。

那么，那些美妙的难忘的哺乳时光，就存放进我们的心里保管着吧。相信那是我们一生里最好的回忆之一，让我们随时想起、随时微笑。

第二篇 饮食

吃得对的宝宝才健康，可这事没那么简单

宝宝辅食喂养攻略，
你关心的全都有

6个月是宝宝的分水岭，宝宝再不是那个只知道闭眼吃奶的小东西了。关于辅食，家长要决定给孩子哪些正确和健康的东西，而什么时候吃、吃多少，都应该是由宝宝自己来决定的。

随着怀里那个能吃能睡，嗷嗷待哺的小宝宝越来越大，很快就到了该添加辅食的时候，这往往是新手妈妈在喂养宝宝时面临的第一大难题。到底多久该加辅食？各种食物的添加顺序是什么？多大的宝宝每次吃多少才正常？这些问题你都将在下面的文章中得到解答。

一、添加辅食的目的是什么

一定要记住，辅食不是为了添加而添加！每个孩子都有自己的独特性，所以不用完全跟别人的时间保持一致。不是说邻居家的小明4个月添加了蛋黄，我家宝宝不加，就输在了起跑线上。添加辅食真正的意义在于，随着宝宝的逐渐长大，妈妈的母乳（或者奶粉）里面所含的营养已经不能满足宝宝生长发育的全部需要的时候，才需要添加辅食。另外，因为人的一生需要五谷杂粮，在适当的时候添加辅食，可以让宝宝开始接受除了奶以外不同食物的口感，以及测试是否会出现过敏。

二、什么时候开始添加辅食

我家暖暖是在第 180 天的时候开始添加第一勺辅食的，也就是即将 6 个月的时候。我知道在中国的传统中往往都是 4 个月开始添加辅食。按照国际通行的惯例来看，世界卫生组织建议一般的母乳宝宝在满 6 个月（即 183 天以后）开始添加辅食。即使是某些完全吃奶粉对不同食物接受度较早的宝宝，最早也不能早于 4 个月（包括果汁、米糊、蛋黄等各种非母乳和配方奶食物）。在 1 岁以前，母乳和配方奶都是宝宝发育所需营养的最主要来源，过早尝试其他食物反而会增加以后孩子的过敏几率。所以有些老人家在宝宝月子里就开始喂果汁、米汤之类的，请立即停手吧！

三、如何判断宝宝是否准备好

即使世界卫生组织对宝宝添加辅食的时间提出了建议，但是真正做主的还是宝宝自己。一旦宝宝准备好了接受一种除奶以外的新的食物，他的身体会发出信号。妈妈们需要去捕捉这样的信号，主要表现在以下方面：

1. 宝宝可以不用人抱着而是自行坐在餐椅里；
2. 宝宝的脖子可以直立并自行控制；
3. 宝宝舌头的推吐反射消失；
4. 宝宝的吞咽功能已经发育完善可以吞咽固体；
5. 宝宝可以通过扭头等方式拒绝不想要的食物。

如果宝宝的身体已经明显发出上述的信号，那么即使没到 6 个月，也可以给宝宝添加辅食了。

四、添加辅食的顺序是什么

第一步先添加蛋黄的观念早已在我国老一辈人的心中根深蒂固，但很可惜这是完全错误的，过早添加蛋黄会提高宝宝的过敏概率。正确的第一步添加的辅食应该是纯大米的婴儿米粉（最好是外面卖的成品婴儿米粉，不要选择自己在家自制米粥，因为自己做的米粥缺少很多必须添加的微量元素）。在品牌的选择上，Hipp 的纯大米米粉、Earthbest 的高铁米粉、Bambix 的高铁米粉都是我尝试过并且值得推荐的。

添加米粉后的半个月之后，可以开始添加蔬果泥。水果的选择应该先从苹果和香蕉这种温性水果开始，蔬菜泥应该先从南瓜、胡萝卜、红薯一类开始。一定要记住，宝宝刚开始添加的辅食口味会决定他以后的口味喜好，所以一开始千万不要添加味道太强烈刺激的食物作为辅食。

五谷类：从纯大米开始，接下来是燕麦，然后才是混合的谷物。

水果类：从苹果和香蕉开始，尽量选择温性的水果，且尽量以蒸熟为主（香蕉和牛油果除外）。刚开始添加的时候，芒果、菠萝等热性水果，以及草莓、猕猴桃等带籽的水果，都应该在 1 岁以后添加，以避免严重过敏。

蔬菜类：加完米粉两周左右可以开始添加蔬菜，我选择的第一种是胡萝卜，然后是南瓜和红薯。蔬菜类的添加原则尽量按颜色，红—黄—绿，叶菜的添加可以放在最后。

肉类：荤类食物的添加至少应该放在 8 个月以后，可以按照蛋黄—肉汤—深海鱼—飞禽—红肉—全蛋的顺序。蛋白是最容易导致过敏的，添加最好在 1 岁以后。

调料类：1 岁以前，宝宝的食物不需要添加任何的调料，仅仅是食物天然的口味就已经能对宝宝的味蕾形成刺激。1 岁以后，可以添加少量的香油、低盐酱油等将口味丰富化。一定要谨记，小宝宝的口感和大人是完全不同的，千万不要用大人的口感去衡量宝宝食物的咸淡。

五、添加辅食的数量和次数

我经常在微博和朋友圈里看到有妈妈晒自己宝宝的辅食，6 个月大的宝宝，一下子就吃掉一整碗的米糊，并且妈妈们还以这样的事情为荣。我想说的是，1岁以前的辅食添加，都应该尽量以接受新口味为主要的目的，并不是要让孩子吃辅食就吃饱。一是过多的辅食会影响奶的摄入，而奶才是1岁以下宝宝最重要的营养来源；二是从小就吃过量的食物，会导致脂肪细胞数量增多，婴儿期就开始的肥胖往往到了成年更难减掉。

那么正确的数量和次数应该是怎么样的呢？

6～8个月：每日1次辅食；

9～12个月：每日2～3次辅食；

1～2岁：2～3次正餐，1次加餐；

2岁以后：可以完全跟着大人一起用餐，但仍需保证每天不少于500毫升的奶摄入。

另外，从分量上来讲，每添加一种新的食物时，为了观察孩子是否对该种食物过敏，应该仅仅添加1勺（儿童用的餐勺）。如果当天没有过敏的现象，第二天再逐渐加量。

六、其他注意事项

1. 宝宝添加辅食，一定不要大人抱着喂，而是要在餐椅上进行，从小养成的习惯很重要。

2. 如果孩子对某种辅食不喜欢，表示拒绝，甚至因为贪玩不想吃了，那么就立即收起来，绝对不要追着喂（追着喂是上一辈爷爷奶奶们的必杀技，必须摒弃）。

3. 宝宝开始接触辅食以后，大便的次数和性状会有变化。也许排便数量会减少，大便逐渐由黄色酸味变成黄绿色臭味，这都是正常现象。不要因为宝宝几天没有大便而过度惊慌，这也许只是正常的攒肚。如果宝宝大便的性状依然较软，没有排便费劲现象，都不是便秘。

宝宝不爱吃饭，
也许是你没做到这几条

很多妈妈都有这样的经历：宝宝终于到了吃辅食的年龄，兴高采烈地买来一大堆的辅食用品、设备，也采购了一大堆超贵的有机食材，在厨房乒乒乓乓地做了好久，结果却事与愿违。宝宝完全不买账啊！要么就是闻一下就扭头过去不吃，要么就是满屋跑老人追在屁股后面哄一句喂一勺，一顿饭下来大家都筋疲力尽。

不爱吃饭，真的是每个娃的通病吗？暖暖从添加辅食开始，基本上没有在吃饭这件事情上让我操心过。添加食物循序渐进，1岁半左右的时候就可以实现自主进食，2岁开始使用训练筷，现在上了幼儿园，每次吃饭都能得到老师的表扬，也是大家公认的学习目标。这两年多来，我也跟很多妈妈一起分析总结了这8条经验，分享给大家，希望每个宝宝都能吃饭香香身体棒！

1. 只要是吃饭，就要在餐椅上进行

这一点是在暖暖刚添加辅食的时候，暖妈就再三在微博里强调过的。要让孩子明白，吃饭是件很严肃的事情，只要吃饭，就应该在自己的餐椅里进行。很多老人喜欢抱着孩子喂饭，这是一个特别不好的习惯。对孩子

们来说，被抱着强制喂饭的感觉没有自由，也非自主的选择。更重要的是，一旦孩子大了，不坐餐椅吃饭，很容易被其他东西吸引注意力，吃一口就跑去玩一会儿，这也是最让人头疼的"追着喂"现象的罪魁祸首！

2. 给宝宝准备适合自己的餐具

在餐厅吃饭时，我经常看到的场景：一个妈妈端着碗和勺子给宝宝喂饭，当宝宝好奇想要抢过勺子或碗的时候，妈妈呵斥道："不许抢，当心摔了！"如果真的那么怕摔，为什么不给宝宝准备自己的餐具？古人都知道，工欲善其事，必先利其器。在暖暖刚刚添加辅食的时候，我第一个给暖暖准备的就是不易被掀翻的碗或者不易打碎的不锈钢碗，以及一把适合她的嘴大小，可以随意放进嘴里舔咬的勺子。另外，准备属于宝宝自己的餐具，也是一种仪式感的体现。宝宝会觉得，我有了自己的餐具，我要开始吃饭了，这是一件很隆重的事情！

3. 不要怕脏，尝试让孩子自己吃

1岁左右开始，妈妈们就可以开始锻炼宝宝自己吃一些可以用手抓握的 finger food，比如蒸熟的胡萝卜、切成条的烤面包、切成小块的香蕉等。慢慢地，可以过渡到正常的辅食也让孩子自己吃。这不仅是一个学习自主进食的过程，也是一个锻炼手眼协调，刺激大脑发育的过程。很多妈妈会说："oh my god，让他自己吃，简直就是一团糟啊！不仅衣服全弄脏，周围的地板也很难幸免于难。"可是衣服脏了可以洗，地板脏了可以拖，这些事情并不困难啊！我的经验是，给宝宝准备一件透气又防水的吃饭衣，再在周围地上铺一层废报纸，即使娃吃得一塌糊涂，基本也是轻松收拾一下就 ok 了。辛苦一时，换来的是未来两年不用头疼喂饭和影响孩子一生的好习惯，到底哪个比较重要？

4. 轻松有趣的进餐引导

孩子们喜欢把日子的每一天都过成拟人般的童话，陪孩子吃饭的过程其实也是高质量陪伴的过程。暖暖吃面条的时候，我会一边吸住一根面条一边跟她说："你看面面就像一条小蛇，哧溜一下就钻进了洞！暖暖也来试试能不能让小蛇钻进洞？"吃骨头和胡萝卜的时候，我会问她："谁喜欢吃骨头？""小狗！""谁喜欢吃胡萝卜？""小白兔！""对了！那暖暖也是小狗和小白兔，我们来比比看谁吃得多！"在这样轻松有趣的引导中，没有强制、没有催促，一顿饭轻轻松松就下了肚。

5. 大人是孩子最好的榜样

在孩子吃饭的过程中，一些规矩必须要严格坚持。比如吃饭的时候不能看电视，吃饭的时候不能玩玩具，吃饭的时候不要挑食。但是经常是我们这样要求孩子，而自己却经常一边端着碗一边看着电视，或者一边吃饭一边玩着手机。家长是孩子最好的榜样，身教的力量远远大于言传。如果我们都不能以身作则，那拿什么来教育孩子？

还有一种情况，一些老人经常喜欢以许愿的方式来达到喂饭的目的。"吃完这口，奶奶给你吃糖糖"，"多吃点，外婆带你去游乐园"……且不说这些许愿如果不能兑现会对孩子的承诺感和责任感造成什么样的影响，即使真的兑现了，也会在潜意识里让孩子觉得，吃糖和去游乐园是奖励，吃饭是负担，我为奶奶（姥姥）吃了饭，就该得到我想要的东西。

6. 不强制喂食，适度的饥饿感

有妈妈问我："上面那些我都做到了啊，但孩子就是不爱吃饭，怎么办？！着急啊！"在你们问这个问题之前，不如先停下来想一想，你的家里是不是还准备了泡芙、溶豆、饼干等各种零食？你或者老人有没有在两餐的间隙因为担心孩子没有吃饱，而一会儿一根香蕉，一会儿一杯酸奶？孩子胃的容量是有限的，装下了这些就装不下那些。而且大部分的零食热量都比较高，虽然营养值低但是饱腹感很强。如果因为孩子中餐吃得少，你担心他饿，于是下午4点半给了他一整根香蕉，那6点你会继续面临他晚餐也不想吃的问题。

另外，每个宝宝都会不定期地进入一小段厌食期，如果他真的没有胃口，也不用太过于纠结，千万不要给他太大的心理压力。只要体重下降不超过10%，就没有太大的问题！

7. 经常变化食物的造型和口味

这个问题其实是老生常谈了，但是也是最容易被家长们忽略的！大人在下馆子的时候尚且讲究色香味俱全，凭啥在给宝宝做辅食的时候，就是一堆各种泥糊之类糊弄一下，只要营养全面，丑点难吃点都不管不顾？任何时候，孩子都是一个独立的"人"，有着我们所拥有的所有的好恶。所以，在他们吃惯了粥饭的时候，不妨给他们来点新意，做点颜色鲜艳造型美的高颜值辅食，也许会让他们眼前一亮哦！

另外，在给宝宝做辅食的口味上，我有着一贯的态度。1岁以下的宝宝，不用加盐，直接靠食物的天然味道就可以满足他们的味蕾。1岁以后，可以开始在饭菜的口味上适当开始添加点酱油、耗油等佐料调味。我永远都记得2岁多的暖暖在一顿饭吃了两只我做的酱猪蹄时意犹未尽的表情。我那时候终于想清楚了一件事，原来宝宝们也是美食家，他们也爱吃真正美味又健康的食物！

8. 不随便相信所谓的"婴儿专用酱油／油"

之前暖妈推荐过我们吃了 3 年的核桃油，有妈妈问我："暖妈难道不需要准备专门的婴儿用油吗？""暖妈也推荐个专门的宝宝酱油呗？"其实很多所谓的"婴儿专用油"、"宝宝酱油"就是一个噱头，打着婴儿专用的旗号，价格翻倍不说，是否真正适合儿童，还远不一定！暖妈买过很多号称进口的儿童酱油尝过，的确很鲜。但仔细看看配料，却发现这种号称"Only for Children"的儿童食品里，其实含钠量并不比普通酱油低，甚至有的还高出不少。当然，那种所谓的鲜，也不过是添加了谷氨酸钠（也就是味精）而已。

暖妈说

孩子们的成长是一个自然的过程，在这个过程中，我们能给的，不是焦躁的催促和急于求成的目标感，而是用耐心和坚持、用正面的引导和规范，去浇灌一朵绽放的小花。

还在追着喂饭？
别让你的爱毁了宝宝的胃

为人父母，我们为孩子每一天的成长而高兴，却经常忽略一些小的习惯可能会造成大问题。

追着喂饭，是很多人常犯的错误。有的妈妈是不忍心看着孩子挨饿，宁可辛苦一点追着喂；有的妈妈则是明明知道喂饭不好，却奈何不了家里的老人悄悄追着喂，或者暗暗给孩子塞零食。

爱他，没错！追着喂他，却可能是致命的错误！

以爱孩子名义追着喂饭，时间长了反而容易影响宝宝的消化系统功能，百害而无一利！

前段时间我看过一条新闻，东莞3岁的小朋友乐乐（化名）平时不爱吃饭，每次吃饭爷爷奶奶都追着喂，尽管每次吃饭都跟打仗一般，但乐乐的身高体重还是不如同龄人，最后被医院确诊为厌食症。

中国有句老话：要想小儿安，三分饥与寒。现代医学家也从科学的角度给出了解答：适当地让婴儿有饥饿感，对宝宝非常有好处。这是因为，胃

是储存和消化食物的器官，有自己的工作规律。宝宝胃的消化功能比较薄弱，胃黏膜娇嫩，分泌各种消化酶的功能还不完善，不按胃肠消化规律喂养，就会导致下一次进食后消化能力下降。适当地让婴儿有饥饿感，等于给胃肠一个"休息"准备时期，更有利于食物的消化和充分吸收。

当胃中的食物被排空，消化液分泌增多时，就会产生饥饿的感觉，小宝宝会出现明显的觅食动作或哭闹，预示着下一次进食的开始。由于胃每天都在有规律地工作着，追着喂食，一是很容易过度喂养；二则是很容易打破胃的工作规律，长此以往，甚至会严重影响宝宝的胃部正常发育。

如何才能改变这种"追着喂饭"的坏习惯？

首先，全家人需要建立起一条原则：吃什么和什么时候吃，大人说了算；吃不吃和吃多少，宝宝说了算。尤其是要做好心疼孩子的老人的思想工作，千万不要一时心软，又去追着喂，或者怕孩子饿悄悄塞零食。统一了思想，统一了行动，便不会前功尽弃。其实我们大可不必担心，饿上一两顿不会影响孩子的生长发育。如果真的饿了又没有零食可吃，下次他就会乖乖地坐到餐桌前好好吃饭了。

其次，养成良好的用餐氛围和习惯，收起玩具、关掉电视，营造出一个没有影响的用餐环境。让孩子坐在专用的餐椅上，准备出卡通餐具，告诉他："吃饭时要坐在自己的小椅子上，去别的地方就没有东西吃。"还要制定出科学的吃饭时间，尽量让孩子和大人吃饭时间一致，让他加入到大人吃饭的氛围中，大人吃得津津有味，孩子自然也会模仿起来。

当然，还有妈妈会担心，孩子一餐吃得少怎么办？会不会营养不良？其实，宝宝是天下最聪明的生物，从出生开始就能够很好地控制自己的食量，不要因为这一顿吃得少就急着喂，在不挑食的前提下，让他自己决定吃多少。时间久了你就会发现，这一顿吃少了，下一顿自然就多吃点了。需要注意的是，千万不要觉得孩子这顿饭没好好吃，在中间多加零食，结果喧宾夺主，容易导致偏食、挑食，甚至对饭丧失兴趣。

适时使用饥饿疗法，会有效提升宝宝的用餐习惯，对小小胃部的发育也将建立起正常的良性循环。

暖妈说

所以在追着喂饭这个问题上，作为妈妈，一定要藏起满满的爱，要知道，适当"狠心"的妈妈，会换来一个健康的宝宝。健康的体魄，是孩子成长的根本，其实也是我们最大的快乐。

这才是最适合宝宝的十佳最补钙食物清单，竟然没有骨头汤

放心！暖妈绝对不是来普及流行了整整一代人的"全民缺钙"论的。虽然经常有妈妈来咨询我："暖妈，我的儿子枕秃是不是缺钙？""暖妈，我的儿子夜醒频繁是不是缺钙？"我依然可以很负责任地告诉大家，下面的这些现象都不是足以证明缺钙的症状。

盗汗？这不是缺钙！小宝宝的新陈代谢比大人旺盛，很容易出汗，特别是到了夜里，妈妈们也习惯给宝宝盖厚被子，所以极易出现盗汗。暖妈的建议是：如果不是特别严寒，一条睡袋足以！

枕秃？这不是缺钙！小宝宝经常采取躺姿，加上因为头部出汗导致宝宝经常在枕头上磨蹭后脑勺，所以80%的小宝宝都存在枕秃现象。

夜醒频繁？这不是缺钙！频繁的夜醒很大程度是因为没有形成良好的睡眠习惯，比如靠奶睡才能睡着的宝宝，夜里醒来之后很难自己入睡，必须再次得到奶头的安慰才能睡着，让妈妈们身心疲惫。

肋骨外扩？这不是缺钙！根据专业医师的亲述，小宝宝普遍存在腹腔较低的现象。在这种情况下，会显得外缘的肋骨有轻微的外扩。如果不是特别严重的外扩，就不是缺钙的特征。

微量元素显示缺钙？这不是缺钙！虽然在很多公立医院还很普及，但

通过指尖血查验微量元素已经被很多医生所诟病。因为指尖血的采血量太少，而且极容易混入组织液，所以测量结果不够准确。

骨密度显示缺钙？这不是缺钙！测试骨密度来判断是否缺钙，更适合老年人。小宝宝的骨密度还不固定，所以针对某一时刻的骨密度测试数值，没有参考意义。

如果这些现象都不能说明缺钙，那宝宝到底会不会缺钙呢？

一般来说，如果：

1.母乳宝宝每天补充400IU的维生素D（奶粉宝宝需要根据奶粉中的维生素D含量来看，如果每天摄入的奶粉中VD含量不足400IU的也需要额外补充）；

2.每天保证母乳或配方奶量够400～600毫升；

3.身高体重不严重偏离世界卫生组织的生长曲线；

4.添加辅食以后能做到营养均衡，多摄入含钙量高的食物。

宝宝们是不会那么轻易缺钙的！

可是，最后一条：营养均衡，多摄入含钙量高的食物，可真不是说说那么容易哦！今天，暖妈就来给大家分享下，真正的补钙食物前十名，到底是些啥？

第十名：黑豆

解析：黑豆不只是补钙的佳品，还能软化血管、滋润皮肤。黑豆除了能补钙，还能提供食物中的粗纤维，促进消化，防止便秘发生。

暖妈建议：因为豆类的形状和质地较圆、较硬，所以暖妈建议尽量将黑豆做成豆制品，比如豆浆、黑豆腐，再给宝宝吃。

第九名：海带

解析：海带除了富含丰富的钙质，还含有其他人体所需的营养元素。

暖妈建议：海带因为属于海产品，所以含盐量也会比较高。妈妈们可以炖一些海带排骨汤，不过一定要注意清淡。

第八名：木耳

解析：木耳除了人们熟知的降血压作用之外，补钙能力也很强，木耳中的胶质也能起到清胃涤肠的作用。

暖妈建议：木耳虽然钙含量丰富，但口感比较硬脆，不太适合 2 岁以下的宝宝。

第七名：紫菜

解析：紫菜富含胆碱和钙、铁，能增强记忆，治疗贫血，同时促进骨骼和牙齿的生长，提高机体的免疫力。

暖妈建议：可千万别小看紫菜，它可全身都是宝呢！除了有市售的即食海苔可以给宝宝们当零食，做成菜也很不错哦！

第六名：海参

解析：海参钙含量丰富，营养价值高，是典型的高蛋白、低脂肪、低胆固醇的食物。

暖妈建议：海参虽好，但品相好的海参的确价格不菲，所以一般家庭的妈妈们不用非得追求。另外，因为海参也属于高蛋白食物，所以宝宝吃的时候一定要适量，否则也极易消化不良。

第五名：芥菜

解析：芥菜除了钙含量高，还含有丰富的维生素，能开胃消食、提神醒脑，也是眼科患者的食疗佳品。

暖妈建议：居然有绿色蔬菜也是含钙高的佳品！多吃蔬菜好处多多，妈妈们可以多给宝宝吃。

第四名：奶酪

解析：奶酪能增强人体的抵抗力，促进代谢，有利于维持人体肠道内正常菌群的稳定和平衡，防止便秘和腹泻。

暖妈建议：暖暖是 8 个月开始吃奶酪的，因为制作工艺的要求，奶酪里必然还有盐分，所以 1 岁以上的宝宝才可以直接吃。1 岁以下的宝宝可以用在辅食制作中增加奶味和补充钙质。

第三名：牛奶

解析：牛奶中矿物质种类非常丰富，是人体钙的最佳来源，而且钙磷比例适当，利于钙的吸收。

暖妈建议：虽说牛奶的钙含量没能排到第一，但是牛奶因为作为液体，的确是最容易摄入的补钙食物。每天摄入 500 克的牛奶非常容易，但是要吃掉 500 克的虾皮和芝麻酱却非易事。所以，妈妈们千万别忘了要保证宝宝每天奶的摄入量哦！

第二名：虾皮

解析：虾皮中蛋白质的含量是鱼、蛋、奶的几倍到几十倍，可减少血液中的胆固醇含量，常食用可防止骨质疏松。

暖妈建议：暖暖特别喜欢虾皮，每次吃鸡蛋羹的时候都会放一大勺嚼着吃。不过虾皮跟海带一样，也属于海产品，含盐量较大，所以在有虾皮的菜里，一定要注意清淡少放盐。

第一名：芝麻酱

解析：芝麻酱富含蛋白质和氨基酸，经常食用对骨骼、牙齿发育都大有好处。另外，芝麻酱含有大量油脂，有很好的润肠通便作用。

暖妈建议：含钙量的第一名居然是芝麻酱！每25.6克就富含300毫克的钙，是奶酪的1.5倍，酸奶的10倍。对于小朋友而言，最好的吃法就是用来涂抹面包片，早餐一片芝麻酱面包，真是营养又美味呢！

暖妈说

相信大家也发现了，排名前十的高钙含量食物中，居然没有我们经常用来补钙的骨头汤！

专家表示，骨头汤的含钙量其实并不高，也不易吸收，根本起不到补钙效果。但是却含有大量脂肪，如果长期喝或者顿顿泡饭的话，很容易养出个小胖墩哦！

天天谈的微量元素，
到底该怎么补

嘟嘟妈：宝宝1岁半，走路还是不太稳，晚上睡眠也不好，他们都说这可能是缺钙，建议我给孩子补钙，到底哪种钙剂好呢？

妞妞妈：女儿3岁了，一直不爱吃饭，人也比较瘦，都说是缺锌的表现，我得赶紧去买补锌的。

小米妈：那天带宝宝去做了血常规，结果看起来有几项值偏低，可医生说宝宝并不贫血，但我觉得还是应该补一补比较好吧。

西西妈：隔壁的妹妹才6个月就出牙了，我家宝宝9个月了还没出牙，肯定是缺钙啊，该怎么补？

当宝宝出现这样那样的状况时，好多妈妈都会怀疑自家宝宝是不是缺点啥，周围也会有各种"热心人"提醒，宝宝一定是缺了某种微量元素，一定得补啊！

一、我们所谈的微量元素到底是什么

随着各种补钙、补铁、补锌的广告轰炸，妈妈们对微量元素这个词并不陌生，也有一些家长会定期给孩子检测微量元素，以便于随时发现孩子需要"补什么"。那么，到底什么是微量元素？

微量元素也叫"微量营养元素"，是指占人体体重0.01%以下，且为生物体所必需的一些元素。如铁、硅、锌、铜、碘、溴、硒、锰等。虽然微量元素在体内的含量微乎其微，但对维持人体正常的新陈代谢活动具有十分重要的作用，是维持生命不可或缺的元素。

值得注意的是，我们平时所说的钙，由于在人体内含量较多，并不是微量元素。不过，一般来说，钙常常是各位妈妈关注的几大问题之首，所以，很多人也将钙纳入微量元素这个话题一起来讨论。

二、宝宝缺乏微量元素的影响

微量元素对宝宝的生长发育至关重要，不同微量元素的缺乏会对宝宝身体产生不良的影响，严重的可导致多种疾病。

1. 铁元素缺乏

铁是制造血红蛋白不可缺少的元素，所以缺铁引起的最直接疾病便是营养性贫血。

另外，严重缺铁会损害儿童智力发育，使婴幼儿易激动，对周围事物缺乏兴趣，还可造成儿童注意力、学习能力、记忆力异常。

缺铁的孩子会表现出毛发枯黄、眼睑发白、面无光泽。有些婴幼儿还会表现出晚上特别爱哭闹、睡中容易惊醒、白天精神萎靡、注意力不集中等症状。

2. 钙元素缺乏

钙是人体骨骼发育的基本原料，其中99%以晶体的形式存在于我们的骨骼和牙齿中，其余1%分布在血液、细胞间液及软组织中。所以说，钙元素直接影响着孩子的生长发育，而且多表现为骨骼和牙齿发育迟缓。

对于婴幼儿，缺钙的主要表现为发育迟缓，出牙晚，学步晚，没有活力。另外，还常伴有串珠肋特征，就是由于缺乏维生素 D，肋软骨增生，各个肋骨的软骨增生连起来像串珠一样。再者，颅后枕秃、前额高突、鸡胸，这些也是缺钙的典型症状表现。

3. 锌元素缺乏

锌在人体生长发育、生殖遗传、免疫、内分泌等重要生理过程中是必不可少的物质，同时，锌还参加唾液蛋白构成。锌元素缺乏会造成味觉迟钝，对酸、甜、苦、咸分辨不清，所以孩子缺锌最直接的便是食欲减退，不爱吃饭。当孩子不爱吃饭、免疫力差、生长发育不良、智力发育落后等问题就随之而来。

另外，缺锌还会导致部分孩子出现异食癖，就是吃一些泥巴、沙石、线头等不能进食的东西。

4. 碘元素缺乏

碘对人体甲状腺激素的分泌起着至关重要的作用，碘缺乏时，可有甲状腺肿大、智力低下、身体及性器官发育停止等表现症状。

在科学界，碘元素常被称为"智力元素"，碘缺乏最为严重的危害就是造成胚胎、婴幼儿、儿童的脑发育不良，造成不同程度的智力损害，表现为不同程度的智力缺陷，学习能力低下，如"呆小症"。

就目前来看，铁、锌、钙、碘元素的缺乏最为常见，且与孩子的生长发育关系最为密切。当然，铜、硒、氟、锰、铬等这些微量元素，也是儿童健康不可忽视的一部分。

三、微量元素，补还是不补

既然微量元素这么重要，那还不赶紧给孩子补一补？！

事实上，微量元素虽然重要，但对于正常进食、正常作息的孩子来说，90%都不太缺乏微量元素，严重缺乏而引起疾病的更是少之又少。

很多家长认为，反正都对身体有好处，不缺也可以补一补，防患于未然嘛。其实不然，过量补充微量元素，孩子会无法吸收，多余的微量元素会自己排出身体，并不会产生应有的作用，不仅如此，长期过量补充微量元素还会增加孩子代谢系统的负担。如果摄入量过多，则会发生微量元素积聚而出现急、慢性中毒，甚至成为潜在的致癌物质。

如果宝宝做过微量元素检测，确实一项或几项微量元素缺乏，是不是就应该马上补？

目前，微量元素检测主要有静脉采血、指尖取血、头发检测几种方式。对于前两种方式，人体微量元素含量很少，在血液中的含量就更少，且血液样本也只能反映取血那一刻的身体状况，孩子检测当天吃的食物不同或孩子生病了，检测结果都会受影响。所以这样的检测结果只能作为一个参考因素，最终的确定还是需要通过医生结合其他表现综合判断，而头发检测受到的干扰会更多。

所以，微量元素不盲补，若要补遵医嘱。

四、如何预防孩子缺乏微量元素

微量元素不盲目补，但并不意味着不重视微量元素的摄入。在暖妈看来，与其对微量元素进行药剂或保健品的补充摄入，不如做好微量元素缺乏的预防。

要预防孩子缺乏微量元素，最好的方法不是去药店，而是下厨房。对于大多数孩子来说，食补是比任何补充剂都更有效的预防手段。好好吃饭的孩子，不会缺乏微量元素。

很多时候家长给孩子购买额外的补剂、营养品，其实并没有多大的实际作用，如果孩子连最根本的喝奶、吃饭都没保证好，这些补剂、营养品、保健品只是家长自我安慰或不想输给其他孩子的心理补剂、营养而已。

6个月前的宝宝：只要母乳妈妈摄入的食物丰富，母乳宝宝只需每天补充400IU的维生素D（唯一需要坚持添加的补剂）就可以。混合喂养或配方奶喂养的宝宝，维生素D的摄入量还可以酌情减少或不添加。只要宝宝奶量充足，缺乏微量元素的可能性比较小。

6个月后的宝宝：及时添加辅食，刚开始添加时首选含铁米粉，在此基础上逐渐添加果泥、菜泥、肉泥、蛋黄等食物，注意多吃含铁丰富的辅食。母乳宝宝需要继续补充维生素 D。妈妈可以给孩子提供尽量丰富的食物种类，并引导孩子养成不挑食、好好吃饭的饮食习惯，微量元素基本也不会缺乏。

除此之外，多让孩子参加户外运动、保证良好的睡眠、养成良好的生活习惯，都会帮助微量元素的吸收。

Tips：富含微量元素的食物

补铁：多吃动物肝脏、黑木耳、芝麻、黄花菜、猪血、蘑菇、油菜和酵母。

补锌：多吃鱼类、瘦肉、花生仁、芝麻、大豆制品、粗面粉、牛肉、羊肉和牡蛎。

补钙：多吃乳制品、虾皮、豆制品、绿叶蔬菜。

补铜：多吃动物内脏、硬壳果、芝麻、柿子、猪肉、菠菜、豆类和蛤蜊。

补碘：多吃海带和各种海味。

补铬：多吃粗粮、牛肉和动物肝脏。

补锂：多吃小米、胚芽、糙米、蛋类和谷物。

补锰：多吃粗面粉、豆腐、坚果和大豆。

补硒：多吃鱼类、鸡蛋和动物内脏。

补钼：多吃各种干豆、谷类和动物肾脏。

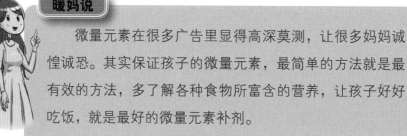

暖妈说

微量元素在很多广告里显得高深莫测，让很多妈妈诚惶诚恐。其实保证孩子的微量元素，最简单的方法就是最有效的方法，多了解各种食物所富含的营养，让孩子好好吃饭，就是最好的微量元素补剂。

不吃盐没力气?
当心宝宝盐超标

最近，暖妈的一个读者小丁家上演了一出由"盐"而起的"世界大战"。

小丁的婆婆来看孩子，喂饭的时候发现小丁给孩子蒸的鸡蛋羹没有放盐，硬要小丁给添上。小丁跟婆婆说宝宝还小，不需要吃盐。可婆婆一个劲儿地说："不吃盐怎么有力气？难怪还不会自己走路？！"小丁坚持没有加盐，最后鸡蛋羹倒是给孩子吃了，可婆婆的脸色却黑了好多天。

就这事儿，小丁的老公也有一些责怪：孩子都10个月了，又不是新生儿，难道一点儿盐都不吃？！小丁觉得满腹委屈，来咨询暖妈：宝宝到底能不能吃盐？多大可以吃盐？该吃多少盐呢？

其实一直以来，跟暖妈咨询关于"盐"的问题的家长还真不少，今天暖妈就跟大家分享一下关于盐的那些事。

一、不吃盐真的会没有力气？

对于孩子加不加盐，老人最爱说的就是"不吃盐，腿脚没力气，学走路也慢"！

其实老人们的这个说法并非完全没有道理。不吃盐没力气，更多的是因为体内缺少钠。在长辈生活的那个年代，普通老百姓家庭食物比较匮乏，还要进行繁重的体力劳动。这样，人体流失的钠得不到补充，会出现电解质紊乱，导致人体乏力。这种情况下，不吃盐真的会没力气。

但是，随时社会经济的发展，现在完全不存在这样的问题，并且现在每个家庭对孩子的营养是最上心的事，完全不用担心宝宝不吃盐腿脚会没劲儿。孩子走路早晚，有自身发育和环境的原因，和吃不吃盐是没有关系的。

二、吃盐过量有哪些危害？

盐，也就是氯化钠。吃盐可以补充人体所需的钠。钠是人体中一种重要的无机元素，它可以调节体内水分与渗透压、维持酸碱平衡、增强神经肌肉兴奋性。所以人体需要摄入一定量的钠。

但是钠的来源非常广泛，并不是只有通过吃盐才能摄入。宝宝一天中吃进的主食、奶制品、鱼肉禽蛋、蔬菜水果中都含有钠元素，已经包含了宝宝所需要的足够的钠，在宝宝食物中添加盐反而有可能造成钠摄入过量。

宝宝食用过量的盐会造成多方面的负面影响：

1.盐摄入过多是造成高血压的重要因素。高血压的流行病学调查证实，人群的血压水平和高血压的患病率均与食盐的摄入量密切相关。如果宝宝从小习惯高盐饮食，日后发生高血压的几率会大大增加。

2.过量盐的摄入可能造成钾的相对不足，钾的缺乏可能会引起心律失常、肌肉无力以及肾功能障碍等问题。对于肾脏发育还不够健全的婴幼儿来说，排泄过多的钠无疑会进一步加重肾脏的负担，从而导致肾脏问题。

3.高盐饮食可使口腔唾液分泌减少，溶菌酶亦相应减少，有利于各种细菌、病毒在上呼吸道的生存。同时，高盐饮食后由于盐的渗透作用，会杀死上呼吸道的正常寄生菌群，造成菌群失调，容易导致上呼吸道感染。

4.高盐饮食会影响儿童体内对锌的吸收，会导致孩子缺锌，从而令孩子食欲差或厌食，生长速度减慢，个子矮小，头发稀疏，好动。

三、宝宝到底该吃多少盐？

根据《中国居民膳食指南》，1岁以内的宝宝，每天需要350毫克钠，钠的摄取不仅仅从食盐而来，奶类以及很多其他宝宝常吃的辅食中都含有钠。不管是只吃奶的宝宝还是开始添加辅食的宝宝，其每日的食物已经可以满足身体对钠的需求，所以1岁以内的宝宝完全不需要额外添加盐，保持食物的原味就好。

1~3岁的宝宝，每天需要700毫克钠。食盐与钠的换算通常是除以400，按照此算法1~3岁每天需要是700÷400=1.75克的盐。

一克盐有多少？一克盐倒在手心，大概是一角硬币的大小。1~3岁宝宝的食盐摄入量不到两个一角硬币，除开宝宝平时食物中摄入的钠，再除以三餐，每餐需要添加的盐就微乎其微了。所以，1~3岁宝宝的食物也要尽量不添加或者少添加盐。

4~6岁孩子每天大约需要900毫克的钠（相当于2.25克食盐），可以让孩子吃自己不加盐的食物的同时，适当、循序渐进地尝试大人的食物。如果因为口味清淡影响了孩子的食欲，也可以在他们自己的食物中适当加一点点盐。但除了食物本身含有的钠，每天摄取1~2克食盐也就足够了。6岁以上的儿童食盐量也最好控制在3~5克。

四、防不胜防！宝宝们摄入了多少"隐形盐"？

只有食盐才是补充钠的唯一途径吗？肯定不是。

像前面提到的，钠作为一种天然的矿物质，广泛分布在不同的天然食材中。从肉类、鱼虾这些荤菜到紫菜、空心菜、胡萝卜等素菜，再到香蕉、芒果、橙子等水果，钠都无处不在。另外，像饼干、全麦面包、面条这些加工类的食物，里面也含有钠。同时，各种奶制品，不管是母乳、配方奶、奶酪等，里面也都含有丰富的钠。

含钠的不止是食材。除了食盐之外的调料，如味精、鸡精、酱油、豆豉、耗油等也都是隐形盐的居所。

更令人意想不到的是，甜食也是含钠的"陷阱"。事实上，入口很甜的食物，往往含盐量更高。通常甜食的制作，会加入一点盐来提升口感，比如奶油蛋糕，加入一点盐，口感会更香甜。像饼干、冰激凌、蛋糕等零食，制作食物的发酵材料、添加剂等都含有钠。

五、给宝宝控盐，我们该怎么做？

0～1岁的宝宝，食物里不需要添加任何的食盐。如果有条件，1～3岁的宝宝，可以单独备餐。如果宝宝自己没有觉得太过于清淡，也可以不放盐或者少放盐。

没办法专门备餐的宝宝，妈妈在做菜的时候一定要少盐。事实上，清淡的饮食不仅仅是对宝宝的保护，对大人的健康也极有好处。

我们经常喜欢用大人的口感去衡量宝宝的食物是否有味儿，这其实是不对的。宝宝的味蕾天生比我们更加敏感，少一点盐，多一点食物天然的味道，不是很好么？

另外，在零食的选择上，妈妈可以多关注营养成分表，尽量选择更天然的零食。

同时，妈妈可以培养宝宝运动、喝水的习惯，加快宝宝身体的代谢，增强排钠的能力。

暖妈说

曾经看过一句话："给孩子科学的养育，引导孩子有自制地过自己的生活，才是对孩子最大的爱。"不给孩子过早吃盐、过量吃盐，是对孩子的爱和保护，所以别让你身边的质疑声打破你对孩子的爱。

第三篇　发育

0~3岁，宝宝生长发育重要阶段，错过不可逆

0～3 岁是孩子大脑发育的高峰，千万别错过

对身高体重指标的执念，应该算是妈妈们绕不开的焦虑点吧。但其实，我们通常关注的发育，只是身体呈现出来的外在指标，似乎很多人忽略了大脑发育这个话题。

实际上，身高体重日后增长的机会还有很多，而 0～3 岁这个一生仅一次的大脑发育高峰，错过就不可逆！

所以，打造最强大脑，是比让孩子长身高体重更紧迫和重要的事情。

身体发育有可见的硬性指标，而大脑发育如何评判却没有一个定论。而且说实话，每个家长都会觉得自己孩子是最聪明的。或许这就是为什么新手妈妈总执着于身高体重，往往忽视了大脑发育的原因。

其实，大脑发育也是有章可循的。

30 周左右的胎儿到 1 周岁的婴儿期，是宝宝大脑发育最快的"黄金期"，70% 的大脑重量和结构发育在这个时期完成。尤其是 6 个月内的宝宝，看着软糯呆萌，好像啥也不会，其实人家的大脑可没闲着，以几乎每分钟增加 20 万个脑细胞的速度在迅速发育。

在出生后 12 个月，脑部发育比起出生时增长 175%，而 18 个月后比 12 个月时的增长就只有 18% 了，减慢得很明显。到 3 岁时，孩子大脑发育能达到成人的 80%～90%。所以，宝宝的大脑发育越早越快，越早越

关键，错过了真的要后悔死。

虽然这些内在的变化我们看不到，但我们能看到的是：孩子从我们怀抱手捧的粉红小肉团，变成了一个能跑会跳，能说会唱，有主见有个性，明白因果逻辑，通晓喜怒哀乐，可与你共情，与人交流的小人儿。

发现了吗？大脑发育的几个重要指标已经出来了：运动发育、语言发育、情商发育和智商发育。

所以，我们可以从这几个方面入手，帮助孩子开发大脑。

运动发育：满屋乱跑，翻箱倒柜

人们常说"顽皮的孩子聪明"，这是有科学依据的。

运动能力体现了大脑与身体的协调发展，足够的运动能促进平衡神经的快速生长，从而促进大脑发育。

对于1岁以内的宝宝来说，运动能力对于智力发育至关重要，而且孩子的心理发育和情商发展也主要是通过动作发展来逐步提高的。

世界卫生组织公布的婴幼儿六大运动发育标准时间，大家可以对照一下。

独坐	4～9个月
扶站	5～11个月
爬行	5～13个月
扶着走	6～14个月
独站	7～17个月
独立走	8～18个月

如果你家11个月大的孩子，满屋乱爬，翻箱倒柜，摔了碗，砸了锅，别烦，这是他在用行动告诉你，他的大脑正在积极运作，努力发展。你要做的只是，在保证安全的前提下，放任、鼓励他继续"捣蛋"。

如果你家1岁2个月的孩子

还不会走，也别太心急，他还在正常时限内呢，更不要把他和 9 个月就会走的孩子做比较。

运动发育有自身遵循的普遍规律，如从大到小，从粗到细，从无意识到有意识。而每个宝宝也有自己的节奏，别把他限定在一个时间点上。

只有当孩子的运动发育低于正常水平 2 个 Level 时，你才应该考虑是否是发育迟缓、发育异常，带孩子及时就医。

语言发育：没事唠 5 块钱儿的

语言能力也是评判大脑发育状况的一个重要指标，而良好的语言发展可以反过来促进大脑发育。

从孩子发出第一声啼哭，他就是在和这个世界交流了。

孩子都是天生的语言大师，刚出生的婴儿就能分辨世界上全部约 800 个音素。但这种与生俱来的语言能力，却并不足以让孩子说出最初的词句。

与"不限制、少干涉"孩子运动发展不同，语言发育需要我们更多的刺激和引导。

20 多年前，堪萨斯大学的两名儿童心理学家李斯莉和哈特，对 42 个家庭进行了研究，记录了孩子 9 个月到 3 岁期间亲子互动情况。

亲子互动密切、积极交谈各类话题的家庭，孩子平均每小时接收 2153 个单词量，而父母说话更倾向简短敷衍的家庭，孩子平均每小时只接收 616 个单词量。

结果显示，到 3 岁时，与父母交谈时间更多的孩子，语言能力远超交谈时间少的孩子，并且 IQ 测试分数也更高。

所以，好好跟孩子说话有多重要，相信不用我再多说了吧。

一般来说，宝宝 2 ～ 3 个月咿呀发音，4 个月后会模仿声音，7 ～ 8 个月能喊"爸爸妈妈"，12 个月会简单表达需求，18 个月能讲 2 ～ 3 个字的词组，知道"你"、"我"，2 岁之后，逐渐说较复杂的句子。

情商智商发育：宝宝应该是 Social 达人

不要觉得 3 岁以前的孩子什么都不懂，恰恰相反，他们拥有超强的感官、模仿和吸收能力。

在幼儿园老师面前安静乖巧，在爷爷奶奶面前又撒娇要赖，甚至，一下子就能感受到小区里哪个叔叔阿姨最喜欢自己，并且能更顺利地讨要到好吃的。

相信，每个妈妈都发现过自己宝宝的这种"看人脸色"的超能力。

20 世纪 80 年代末，费城新生儿学家赫特做过一个研究，包括家中是否备有儿童书籍、音乐磁带；父母是否用温柔的声音和孩子交谈；父母是否花时间倾听或拥抱亲吻孩子等琐事都被列入研究范围。

结果显示，孩子在幼年时期得到的情感支持对他们至关重要，在家中受到更多关注和教育的孩子也会有更高的智商。

温暖的拥抱、亲吻，对应的是孩子安全感和幸福感的建立。

积极的鼓励和肯定，造就了孩子的勇气和自信。

耐心的陪伴和交流，会使孩子的性格更开朗和包容。

更多接触和探索外界的机会，宝宝应该是 Social 达人。

这些我们生活中常见的细节和片段，却比昂贵的各种补品更有益于孩子的大脑发育。

暖妈说

人的大脑有百亿个脑细胞，数以兆计的神经元突触，复杂又神秘，好像连接着无限可能的一个巨大宝藏。每一个孩子都可能成为下一个最强大脑，而开启这扇门的钥匙就在你的手中。

八个月会走是天才？
宝宝学步六大误区，一旦中招后悔莫及

"看，人家孩子 9 个月就会走路了，好羡慕，我家的 1 岁了还在爬呢！"

"我孙子也是不到 1 岁就满地跑了，不是我说你，你可不能由着孩子，得帮助他多走、多锻炼。"

"现在的孩子都养得精细，家长越费心孩子越能干。6 栋那个小小子，7 个多月就用学步车，8 个多月就会走了，真是个天才。"

……

这样的对话很熟悉吧，似乎一直以来，宝宝走路早都被视为能干、聪明、身体好的表现，甚至是家长是否尽职尽责的证明。

谁家孩子要晚走了一两个月，家长面临的将是各种关心："还不会走啊？是不是缺钙？""孩子臀线对称不？""有没有去医院检查一下？"以及各种指导："得多用学步车，滑着滑着就会了。""用学步带提着练习。""多补补钙，腿才有劲儿。"

总之都是一副"孩子爹妈你们要重视，别耽误孩子终身"的苦口婆心，弄得你也不好意思起来，甚至怀疑自己孩子是不是真的缺钙。

可是，走路真的越早越好吗？

看看我国广泛应用于各大医院的宝宝发育参考指标"丹佛发育筛查测验表"吧，该表显示，宝宝"自己站得很棒"的时间段为近 10 个月至 13

个月；"自己走得很棒"的时间段在 11 个半月左右至 13 个多月；到 14 个月时，绝大部分宝宝都能掌握走路的技巧（根据权威观点，15 个月内学会走路都属正常）。

可见，孩子自己学会站立和走路的时间跨度挺大，从 10 个月到 14、15 个月都属正常范围，所谓的越早走越好根本就是盲目攀比的结果。

不仅如此，民间还有一些关于学走路的误区，需要引起我们重视。

误区一：不让学爬，先学走

"我家豆宝就没爬过，他直接就会走路了，看他走得多欢！"豆宝奶奶特别骄傲。

奶奶说，豆宝从小就特别聪明，6 个多月就会站立了。于是，她便天天双手扶着豆宝腋下练习走路。豆宝倒是不负所望，在接近 9 个月时就学会了走路，成为奶奶的骄傲。

但事实上，相较于经历过爬行再学会走路的孩子，豆宝的身体平衡性要差一些，更容易摔倒和碰伤。

爬行是孩子大动作发展的重要一环。爬行需要双眼、双手和双脚的配合，需要两侧大脑共同协调，这对孩子大脑发育非常有益处。

通过爬行，孩子手臂、腰、腿的力量得到提升，身体协调性和平衡性得到锻炼，同时，全身大动作能力也日益提高，这都为行走打下了坚实的基础。

所以，爬行对孩子来说是一个很重要的过程，请别因为怕脏或者为了让他早点学会走而阻止他爬，反而应该多创造空间和条件让孩子尽情地爬，这对孩子大有裨益。

误区二：走路必备学步车

学步车一度被誉为学步神器，很多家长认为，把宝宝放进学步车，不用特别照顾，宝宝不会摔倒，没有危险，还可以练习走路，既省事，又省心。

然而真相是：学步车不仅不利于孩子学走路，还会影响孩子的身体发育。

学步车多由底盘、座椅、玩具、音乐盒等构成，孩子坐进学步车后腰部、胯部和腿部均被固定和保护在车内，不需要用力也不需要自主控制平衡就可以滑行。这种情况下，孩子能学到什么？

不仅如此，调查研究发现，孩子长期使用学步车容易导致"O"或"X"形腿，日后走路姿势也易出现异常，如八字脚、脚尖走路、弯曲走路等。

而且就连家长们认为的安全这条好处，学步车也不具备。学步车移动是靠底盘的滚轮，速度控制不好很可能会造成整车翻倒的危险。

因此，别把学走路寄托在学步车上，它顶多算是玩具车。如果非要使用，请保证有大人在旁边小心看管着。

误区三：怕孩子摔，用学步带拎着走

"跳跳学走路，从来没摔过。"跳跳妈的秘诀是学步带。

从学走路起，跳跳就绑着学步带，跳跳妈觉得随时随地拎着，孩子不会摔倒，同时她自己也不用弯腰俯身，省了不少力气。

殊不知，学步带也有不少弊端。首先，使用学步带的宝宝每走一步都由大人使力，孩子自身的平衡性没得到良好的锻炼；其次，长时间使用学步带容易造成宝宝的错误走姿，如走路前倾或后仰、脚尖走路等；再次，学步带刚好绑在宝宝的胸部，对胸部产生压迫，会影响呼吸，降低肺功能。

其实，哪个宝宝没摔过呢？孩子就是在摸爬滚打中长大的。别担心，他们懂得保护自己。

误区四：怕宝宝腿力不够，不让走

有些家长因为知道孩子过早站立行走对腿部发育不好，于是他们走向了另一个极端——不让孩子走。

当宝宝已经会独自站立，会蹲下站起，可以控制摇晃的身体，甚至能扶着物品走上一阵，这些都是宝宝发出的信号，他在说："我已经准备好迈出第一步啦。"但家长却还常常把孩子抱在怀里，生怕他多走几步会累着。

家长的过度保护，并非真的对孩子好。想走不让走，不仅宝宝腿部肌肉得不到锻炼，大脑思维能力也会受到影响。因为 0 ~ 3 岁的孩子是通过身体来学习和记忆的，你限制了他的身体运动发育，也就限制了其大脑发育。

误区五：走得好全靠一双学步鞋

学走路一定得穿鞋吗？真相是，宝宝还不完全会走路时，光脚才是最好的选择。

用脚趾抓紧地面，寻找平衡和协调的感觉，是宝宝学走路的一个关键点。光脚时，宝宝脚部神经直接感受来自地面的压力，能更好地感知地面高低变化，也能更好地锻炼足底肌肉和韧带，促进足弓的形成。

无论什么样的鞋，都会一定程度地影响宝宝的脚对地面的感受。但如果温度太低不适合光脚，那么家长可以给宝宝选择脚底有防滑设计的袜子或鞋底柔软、接近于赤脚效果的软底鞋。

只有当宝宝真正学会走路之后，才是学步鞋登场的时候。

误区六：一见"O"、"X"形就焦虑

"我既没用学步车、学步带，也没提前给她练习走路，但我女儿居然是'O'形腿。"程程妈妈感觉天都要塌了，赶紧带着程程跑医院。谁不想

自己孩子将来有一双又长又直的腿啊?

从医院出来，程程妈妈松了一口气，也学会了一个新词语"钟摆现象"。

"钟摆现象"是指刚出生的婴儿多为"O"形腿，延续了在妈妈肚子里的状态，"O"形腿持续到2岁都是正常的。而后，随着宝宝走路承重，又慢慢呈现出"X"形腿，这个阶段是2～4岁。经历钟摆现象后，宝宝6～7岁时会变回正常膝直的状态，家长们无需过分担心。

而且孩子初学走路时，踮脚尖走路、内外八字脚等异常步态，大多都是正常现象，一般会在2岁之前自行矫正。如果2岁之后这些现象依然很明显，就需要前往医院做专业检查了。

暖妈说

孩子学走路是一个水到渠成的过程，他手脚并用地努力站起来、摇摇晃晃地走向你，他的脸上，绽开了自豪的笑容。从那一刻起，本能就会指引他一步步地走得更稳定、更坚实。

作为父母，我们能做的和要做的，真的不多。不过是在孩子蹒跚学步时，张开怀抱接住他；在孩子奔跑跳跃时，陪他一同纵情欢乐；在孩子走向远方时，默默目送他的背影渐行渐远。

给予陪伴和鼓励，而不是比较和焦虑；

给予尊重和配合，而不是操纵和训练。

信任和自由，才是孩子最需要的。

不把屎不把尿，
1个月告别纸尿裤

在2岁以前，暖暖一直是个坚定的纸尿裤党。不管是在重重裤子包裹的冬天，还是在一动就出汗的炎炎夏日，她都没有光过屁股，更别提穿着开裆裤在公众场合大小便。从她出生的那个夏天开始，就有各种来自大妈大婶的声音，说夏天穿纸尿裤捂屁股，说冬天太多不好换，说她外孙子4个月就不穿纸尿裤了，隔会儿把一下，一把就尿……

面对这样的声音，刚开始我还解释下，后来却慢慢地发现，多年来的老经验、老传统，并不是一两句话就能劝回的。所以准备了几个月，才有了今天这篇文章，是我在研究了《美国儿科学会育儿百科》《西尔斯亲密育儿》等多部国外权威著作之后结合我自己的育儿经验总结而成，希望能对还在要不要把尿的战斗中纠结的爸爸妈妈们一点帮助。

在所有的步骤之前，暖妈想重申一个原则："晚训练比早训练好。"因为绝大部分宝宝的括约肌都是在18个月以后才发育成熟，所以太早开始如厕训练，只能是欲速则不达。

第1步：确定宝宝准备好了吗

暖暖对小马桶的接触是从19个月左右开始。正如我第一次为她添加辅食的时候并不完全关注日历上的日期一样，我的一贯原则是，宝宝自己的身体信号才是确定是否要开始进行如厕训练的关键。如果宝宝出现以下信号，那他才是真正地准备好了：

- 能模仿大人上厕所的样子；
- 能理解大人的要求，并能用简单的语言表达自己的感觉；
- 在纸尿裤里尿了或者拉了，能用语言或行动表达不舒服；
- 愿意在马桶上坐着，哪怕只是玩耍；
- 尿湿尿布的时间间隔变长，至少 3 小时以上（说明能适当控制括约肌）；
- 喜欢研究自己的身体器官。

当宝宝同时出现了以上的信号，那我们就可以开始准备如厕训练啦！

第 2 步：确定你准备好了吗

如果说宝宝的准备是生理上的，那大人的准备就完全是心理上的。在进行如厕训练之前，必须做好完全的思想准备，这极有可能是一场漫长的、初期并不容易见效的战役，而且有很大的可能在某个你觉得宝宝已经掌握了自主排便的时间上，又出现了反复，似乎一切又回到了从前，似乎一切的努力又都得从头开始。

这个时候，你真正需要的是无穷无尽的耐心和充满感染力的示范，并且保证不会在训练前期看不到效果时把你的挫败感迁怒到宝宝身上。

第 3 步：准备一个好用的小马桶

工欲善其事，必先利其器。准备一个宝宝喜欢的马桶，这才是如厕训练的真正开始。一个好的儿童马桶，应该兼顾稳固性、方便性、设计性等多方面。当然，在这些原则之上，宝宝喜欢并接受，才是最主要的。我一共给暖暖买过 4 个马桶，第一个马桶是我在刚怀孕的时候在超市买的。那时候完全不懂这些东西应该什么时候用，所以基本上是囤了两年多才拿出来。结果发现这种造型可爱的跨坐马桶完全不实用！因为宝宝需要把裤子全脱掉才能跨坐上去，而对于一个刚刚开始如厕训练的孩子，脱光光是一个超级浪费时间的过程。

因为觉得孕期没经验囤货失败，在暖暖刚刚开始如厕训练的时候，我又买了两个马桶。一个是高大上的费雪皇家嘘嘘乐，一个是 9 块 9 买不了吃亏买不了上当的宜家简易马桶。费雪的嘘嘘乐在尿成功以后会有音乐奖励，这点很棒，但是装排泄物的桶身太浅，娃大了之后拉得多了就很容易碰到屁屁。宜家那个都便宜成那样了，我也不敢有啥多的要求。不过还是想吐槽这种一体化设计，倒便便和清洗的时候非常不方便。

在 2 岁多以后，我又给暖暖买了利其尔小马桶，这也是目前我们使用率最高的马桶。外形简洁，功能齐全，孩子小的时候可以直接坐在上面用，长大了可以和成人马桶搭配使用，非常推荐！

第 4 步：教宝宝学会控制大便

在如厕训练中，暖妈建议的顺序是：控制大便—控制白天的小便—控制夜间的小便。这里先讲我教暖暖控制大便的经验。

对 18 ~ 24 个月大的宝宝而言，大便之前都会有一些特别的信号，比如突然停下来站着不动、蹲下来抓住尿布双腿交叉、眉头轻皱嘴里咕哝等。这些信号是宝宝意识到屁股的不舒服了。这个时候，可以告诉宝宝："你的屁屁挤挤涨涨的对吗？那我们去上厕所吧！"然后帮宝宝把裤子脱掉，让他坐在马桶上体会大便的感觉。如果宝宝坐了一会开始反抗，也不要强迫他。一旦宝宝的脑子里建立起"有了便意就去找马桶"的联系，之后就慢慢地不用提醒他，他自己就会在想便便的时候去马桶边上了。

另外，给宝宝建立一个大便的时间表也非常重要。记下一两周内宝宝大便的时间和次数，如果有一个大致的规律，比如早饭后，那么就每天的这个时候把他带到马桶上坐一会。可以跟他聊聊天，看看绘本，或者玩会儿玩具，直到他能拉出来为止。暖暖以前排便没什么规律，后来去和睦家做体检的时候崔玉涛大夫建议我们应该在每天早上让她去马桶上坐一会，以尽量建立起固定的排便时间。

第 5 步：教宝宝学会控制小便

宝宝能够做到在大多数的大便之前表达便意，这可是一个不小的里程碑。这也意味着可以开始小便的训练了。小便训练有可能比大便训练需要更长的时间，因为小便的次数会远比大便更多。暖妈建议先针对白天进行训练，同时晚上继续穿纸尿裤。

对训练控制白天的小便而言，准备 5 ~ 8 条好用的训练裤是个不错的办法。训练裤就像加了超强吸水垫而外层又防水的内裤。它的好处是，一旦尿湿，宝宝会觉得屁屁不舒服，但又不至于湿透所有裤子。当宝宝会表达训练裤上的潮湿感和不适感时，告诉她，下次小肚子挤挤涨涨，想要尿尿时，可以提前告诉妈妈，妈妈带你去马桶。一般对 2 岁以后的宝宝而言，白天不穿纸尿裤而会表达，已经不是特别大的难事，一周左右的训练即可完全实现。前后的半个多月里，一定要随身携带多条内裤、外裤、训练裤，以备不时之需。

在白天完全摆脱纸尿裤之后，暖暖还用了将近10天来彻底摆脱晚上的纸尿裤。我的心得是每天晚上睡前，先带她去马桶上尿一次，然后不穿纸尿裤入睡。刚开始的时候，半夜里会把半迷糊状态的她抱起来放在马桶上尿一次，并且告诉她，如果想尿尿了，就告诉妈妈，让妈妈带你来马桶。在之后的一周左右，逐步推后半夜里抱她起来尿尿的时间，但是每次都会在尿的时候告诉她，这是在马桶上尿尿了。基本上7～10天，她就可以做到忍住整夜了，然后第二天一早醒来，第一件事就是去上厕所。

在夜晚的排尿训练中，2～3张可随时替换的隔尿垫必不可少，用来垫在宝宝的床单上面，以备不时之需。当然了，也要做好半夜起来换床单的思想准备。暖暖在可以做到整夜不尿之后，还有两次半夜尿床的经历。所以，不管发生什么，都太正常啦！

第6步：及时表扬成功，忽视"失败"

如厕训练不应该有惩罚，正如谁也不会指责刚学走路的孩子会跌倒一样。如果宝宝某一次成功地做到了便便在马桶里，或者某一次在尿尿前告诉了妈妈，一定要及时指出来宝宝的进步，并且给予大力的鼓励和表扬；而如果宝宝没能像你所期望的那样，学会控制大小便，或者执意还要拉在纸尿裤里，也不要太过介意。

每个宝宝的发育路径都是不一样的。你的负面情绪越深刻地影响宝宝，他就会越来越觉得坐马桶是一种惩罚。他做不好令你不开心，继而影响到如厕训练的进程。千万不要跟别人家的孩子比较，谁家孩子2岁不到就能自己大小便，而我家孩子为什么都2岁半了还拉在纸尿裤里？是不是人家孩子就更优秀？千万别有这种想法，等到18年后，谁还记得你几岁脱的纸尿裤！

放松点吧，就算再用一年纸尿裤，又能怎样呢？

做对这 5 件事，
帮孩子多长高 5 厘米

中国有句传统俗话：爸矮矮一个，妈矮矮一窝。话听着糙点，意思就是说未来孩子的身高更多地取决于妈妈一方，妈妈的身高决定了未来孩子的身高。如果妈妈的身高不高，那么不管生几个孩子，未来都只能当一辈子小矮个。

貌似这种对仗工整的俗语特别容易被妈妈们接受，再来点谐音，那简直就成了祖宗历代传下来的、不可破的真理。但果真是这样吗？当然不是！让暖妈给你支招，让孩子多长高 5 厘米。

一、我的孩子能长多高

谈到如何多长高，首先需要知道的是我家孩子未来能长多高。世界卫生组织对孩子未来的身高有一个标准的建议公式，爸爸妈妈们可以自己测算一下：

男孩 =45.99 ＋ 0.78 ×（父身高 ＋ 母身高）÷ 2 ± 5.29（厘米）

女孩 =37.85 ＋ 0.75 ×（父身高 ＋ 母身高）÷ 2 ± 5.29（厘米）

看到后面的 ± 5.29 了吧？这个就是关键！可不要小看这 ± 5.29 哦！它可以让 155 厘米的小家碧玉变身 171 厘米的长腿美女，也能让 180 厘米的大高个沦落为 164 厘米的小矮矬。所以，孩子能不能长得高，除了遗传占据最基本的要素之外，后天的努力带来的改变也不容小觑！

宝宝长个子是有规律的：

婴儿出生时：平均身高约为 50 厘米；

出生第一年内：身高增长速度最快，平均增长约 20 ～ 25 厘米；

1 ～ 3 岁：平均每年增长约 8 ～ 10 厘米，至 1 岁时身高约为 75 厘米，2 岁时约为 85 厘米，3 岁时约为 95 厘米；

3 岁后：增长速度逐渐递减，每年约增长 5 ～ 7 厘米；

进入青春期：男孩子可长 20 ～ 30 厘米，女孩子长 15 ～ 25 厘米；

青春期后：身高增长逐渐减缓至停止。

可见，出生后 0 ～ 3 岁的快速生长期对宝宝未来的身高特别关键！爸爸妈妈们赶紧抓住机会，让你的宝宝再多长高 5 厘米吧！

二、如何让孩子再长高 5 厘米

简单总结来，就是下面的五个方面，一共 15 个字。

1. 吃得对

看到第一条就有妈妈开始高兴了。吃还不容易？我家宝宝可是个天生的吃货啊！吃是吃了，可你确定孩子吃对了吗？

要促进孩子长高，下面两种类型的食物必不可少：

钙：钙的重要性应该不用我多说。我国早就已经进入了一个"全民缺钙、全民吃钙片"的时代。但随便让孩子服用钙剂补钙的方法非常不可取，过剩的钙摄入有可能导致骨骺提前闭合，反而会影响孩子长高。

暖妈比较推荐的是食补，一般蛋白质丰富的食品里都含有丰富的钙质。我们平时的接触的食物中钙含量比较高的食物有：牛奶、酸奶、奶酪、芝麻酱、虾皮、豆腐、豆浆等。而传统中被认为钙含量很高的骨头汤恰恰并不在列。骨汤中含量最高的是脂肪，用来给宝宝的辅食调味非常棒，但是用来补钙就算了。

维生素D：维生素D在身体对钙吸收过程中的重要性绝不亚于钙本身！甚至远远高于钙本身！因为钙我们可以在很多食物中直接摄取，前面提到的辅食，未添加辅食的宝宝仅仅通过母乳也可以获得足够身体发育所需的钙质，但是维生素D不够！

2岁以前，宝宝们获取维生素D的方式主要有两种：一种是通过太阳光直射，从紫外线中吸收维生素D。这就是为什么老人们总说经常晒太阳的孩子长得高，其实就是维生素D在起作用。但是如果不是天天在外面接受紫外线直射，维生素D的摄入量是根本不够的。紫外线又对皮肤和人体有着非常大的伤害，很容易导致皮肤晒红晒伤、光衰老，甚至黑色素累积引发癌变。另一种方式就是通过口服维生素D来获取。所以所有靠谱的儿科医生都建议出生15天到2岁以前，每天必须口服400国际单位的维生素D，换算成重量是10微克。暖妈推荐纯维生素D（如美国的Ddrops、德国的小白片等），当然没条件的也可以直接购买国内的维生素AD胶囊伊可新。

看到很多妈妈很自豪地说，我家娃从来不补那些乱七八糟的钙啊维生素，现在照样很健康。暖妈很想说，不补乱七八糟的营养品的确是对的。但维生素D真的不是"乱七八糟"啊！

2. 睡得饱

儿童睡眠时生长激素分泌旺盛，入睡后1～4小时内达到高峰。一般晚上10点到半夜2点是生长激素分泌最旺盛的时间，

所以推荐孩子们最好在晚上 10 点前上床睡觉。3 岁以下的儿童，白天也要保证 3 个小时左右的睡眠。频繁的夜醒、吃奶会干扰宝宝的睡眠，抑制生长激素的分泌。所以建议宝宝在 8 个月之前，尽量要断掉夜奶。另外，很多妈妈问到的关于规律睡眠的问题，如果宝宝入睡与起床的时间相对固定，形成稳定的睡眠周期，生长激素的分泌时间还会延长。

充足的睡眠的确是长高的前提，妈妈们千万不要忽视。

3. 动得多

多运动的好处很多妈妈们一定都知道了，但并不是所有的运动都适合孩子。对宝宝们的长高有帮助的主要是纵向的运动。爸爸妈妈们可以多带孩子进行跳绳、蹦床、引体向上、单杆、游泳等带拉伸性质的纵向运动，而哑铃、举重、健美等负压运动反而会压制孩了的身高。

当然，也是因为前面提到的维生素 D 对钙吸收的问题。阳光中还有大量的维生素 D，所以多参加户外的运动，远比让孩子跟大人一起进健身房更有利于孩子的成长。

4. 姿势佳

要想长大后有个漂亮的身高和身形，成长过程中的坐立姿势也非常重要。如果儿童坐立行走的姿势不对，将会给骨骺带来不良影响，造成骨骼生长异常。骨骺主要存在于儿童骨骼的末端，是儿童长高的基础。在生长期内，骨骺呈"开放"状态，而随着骨骺先后闭合，孩子的生长过程就逐渐终止。为了避免不当的姿势影响到骨骺的发育，妈妈要随时留心观察孩子的姿势，并予以纠正。

另外，蹲在地板上玩会导致腿部血液循环不畅、骨骼向外弯曲，此时应改用双腿伸直的坐姿。当然，对孩子来说，最好的坐姿还是坐在椅子上，并让后背靠紧椅子背，这样的姿势有利于脊柱保持挺直。

5. 心情好

最后一个，就是心情啦！科学研究显示，孩子们长期处于不同的精神状态，那么生长激素的分泌量也不同。愉快时生长激素的分泌量要比不高兴时多出 10% 左右，因此妈妈应该通过各种方式尽量让孩子身心愉快。

这当然不是说为了要孩子身心愉快，就要无原则地溺爱和顺着孩子的意志，而是在很多的教育上需要注意相应的方法，要多高质量地陪伴孩子，给孩子更多的安全感。还有一点是必不可少的！爸爸在育儿和陪伴过程中参与的多少，也会直接影响到孩子的身心健康和愉悦感、满足感。

暖妈说

为了孩子的健康，请爸爸妈妈们放下手中的手机，多参与到陪伴孩子们的过程中来吧！

你知道生长痛吗？
孩子腿痛时一定要先知道这些

有个读者妈妈着急地问我："我的儿子上幼儿园了，最近常常喊腿痛。刚开始我们并没在意，甚至觉得是小孩子耍赖不想走路而编造的小谎言。因为一说到玩，他就蹦蹦跳跳，一点事都没有，而到了傍晚或晚上就开始喊痛黏着我。老人担心是关节炎，催着去看医生，医生却说是缺钙引起的，给开了不少钙片。但吃了几天怎么还是不见好啊？暖妈快帮帮我！"

其实，从这位妈妈的描述上看，孩子应该是在经历生长痛，但因为一些误解误判，又把孩子推向了补钙万能的大坑里去了。

看来，咱们很有必要好好了解一下"生长痛"究竟是怎样一种痛了。

不红不肿，莫名就痛起来

生长痛常发生在膝盖、小腿两侧和大腿前侧，偶尔也会出现在腹股沟位置。可能是隐隐作痛，可能是酸痛不适，也可能是比较强烈的疼痛，程度因人而异。

这种痛不是明显出现在某一个点上，所以孩子一般都笼统地说："妈妈，我腿痛。"询问他具体是哪里痛、怎么痛，却说不清楚。

这种痛不会伴随局部红肿，也不会出现明显压痛，更不会有发烧等全身症状。所以当孩子哭闹腿痛时，你找不出端倪，会觉得无计可施。但当你用手抚摸、按压孩子双腿时，疼痛往往又会有所减轻。这种痛还有个最大的特点，那就是几乎都发生在傍晚或夜间。但无论晚上孩子怎么哭闹、折腾、磨人，可到了第二天早晨，一切就都烟消云散，该吃吃该玩玩，恢复蹦蹦跳跳、生龙活虎的样子了，一点也看不出有生病的迹象，也难怪这位妈妈会怀疑孩子是在说谎、要赖了。

这种痛还常会持续或反复出现，可能是偶发的一两次，也可能持续数天，甚至几个月，但又说不准哪天突然自己就好了。

原来是长得太快惹的祸

来无影，去无踪，看上去生长痛是一个多么神秘的存在。

但医学界普遍认为，这只是孩子生长发育期特有而常见的一个生理现象。2 ~ 13岁的孩子最易出现生长痛。这个年龄阶段的孩子正在经历着人生的第一个增高期，骨骼（特别是四肢长骨）生长速度较快，但骨骼周围的肌肉和韧带生长速度相对较慢，容易被牵扯而引发疼痛。生长痛，还真是痛如其名。

不仅如此，孩子在快速发育过程中，体内组织代谢产物相对较多，再加上他们好动贪玩的特性，大运动量也会产生酸性代谢产物堆积，两者叠加导致的肌肉酸痛就可想而知了。这也是为什么生长痛"晚上来、早上走"，充分的休息能缓解肌肉酸痛的原因。

还有一个特殊的原因，孩子在学步时会出现一定程度的膝关节外翻，也就是生理性"O"形腿。在这种情况下，为了保持关节稳定，腿部肌肉的负荷较大，需经常保持紧张状态，也容易出现疼痛。但不用担心，生理性"O"形腿会随着孩子的生长逐渐自行矫正，当然由此而来的疼痛也会随之消失。

不吃药、不补钙，我们能做什么

所以呢，生长痛不是病，不需要吃药，止痛片也没必要！既是生长带来的，也就会在孩子能承受的范围内，妈妈们真的不必太过心急和心痛。

另外，目前大部分研究证明，补钙对缓解生长痛没有明显的作用，所以，正常吃一些含钙高的食物，补充身体所需即可，没有必要盲目乱补钙。

但这并不是让大家听之任之，缓解"生长痛"的方法也是有的。想想出现"生长痛"的孩子白天会不会痛？答案是肯定的。那为什么白天很少听到他们喊痛呢？其实是因为孩子专注于玩或其他事物而忽略了疼痛。同理，当孩子喊痛时，我们可以用转移注意力的方式，让他们继续忽略疼痛，比如读绘本、做游戏、画画等。别觉得这是自欺欺人，其实这很有效。

针对肌肉酸痛，我们可以用热敷、按摩等方式进行缓解。孩子临睡前，用热毛巾敷敷腿，或是进行温柔的腿部按摩，不仅能缓解疼痛，也能让孩子放松下来，安静舒服地入睡。大一些的孩子也可以泡泡脚，促进血液循环。这期间，可以让孩子多注意休息，一切都以孩子舒适为标准。

当然，这期间孩子的饮食营养一定要跟上。奶制品、鸡蛋、核桃等可以促进软骨组织的生长，富含 VC 的蔬果有益于胶原蛋白合成。

生长痛易误判，五类情况要注意

虽说生长痛不是病，但它所表现出的症状却和一些疾病非常类似，所以也容易造成误判。特别是在孩子还小的时候，不能很清楚地表达，这就需要我们更加用心。

生长痛不会出现红肿，不影响活动，如果孩子在喊腿痛的同时，出现关节红肿，关节处有明显的压痛，就需要前往医院检查是否是关节炎。青少年关节炎是最容易被误判为生长痛的一种疾病。

生长痛一般是左右腿对称出现，如果孩子是单侧腿、膝盖或屁股疼痛，疼痛一侧活动起来有困难，甚至一瘸一拐，也需要及时去医院，进行 X 光检查，以排除骨折的可能。

生长痛不会引起发烧等症状，如果孩子除了腿痛还出现原因不明的发烧，就要考虑孩子是否出现感染，需要到医院通过验血等方式进行检查。

如果疼痛出现在某个特定部位，开始是运动式疼痛，如走路、跑跳时痛，逐渐发展成坐着躺着都痛，并且休息一段时间后疼痛仍得不到缓解，疼痛感迅速加重，就一定要带孩子去正规医院进行详细检查。因为骨瘤早期症状也和生长痛很相似，不能掉以轻心。

此外，白血病也可能被误判为生长痛。因为白血病有一个表征为骨髓膨胀、骨膜受到拉伸而引起的骨骼疼痛，尤其是膝盖下方最为明显，所以一旦孩子在白天也出现原因不明的持续疼痛，一定要及时就诊。

 暖妈说

　　这就是几乎每个孩子都会经历的生长痛，看似来无影、去无踪特别神秘，其实不过是孩子成长过程中的一个小小烦恼。知道了这些，当孩子喊着腿痛要求你抱抱的时候，你既不会误以为孩子在"撒谎、偷懒"而冤枉了孩子，也不会因为过于担心而病急乱投医啦！

孩子错误运动陷阱，
你掉坑了吗？

2016 年 8 月 21 日，里约奥运会终于落下帷幕，这届奥运给世界奉献了 16 天的精彩赛事和无数的动人瞬间。

暖妈觉得，奥运除了给人们带来的大赛时所展现出的积极意义，还有一个宗旨就是推动人们对全民体育的重视和发展。在人类的发展史上，运动是不可忽视的巨大推动力，我们希望的不仅仅是运动员的"更高、更快、更强"，还有全民身体素质和运动能力的"更高、更快、更强"。

可惜，在对待孩子运动的态度上，很多家长却还是保护比鼓励更多，害怕孩子太冷或太热，害怕孩子太累，害怕孩子受伤，害怕孩子长成"四肢发达头脑简单"的人。

孩子喜爱运动的天性是从出生就被赋予的。当宝宝费尽全身力气成功翻了一个身，那愉悦的神情仿佛征服了珠穆朗玛峰；当能灵活地爬行，宝宝开心得像获得了整个世界；而当迈开双脚开始行走的时候，宝宝会认为已经能向整个宇宙进发了吧。随着年龄的增长，家长对"智育"的重视超出了对"体育"的要求，但殊不知，除了健康，"体育"对孩子的"智育"及社会性和情感发展是非常有益的。

慕尼黑大学教授 Rolf Oerte 博士指出："运动对孩子是非常重要的，对于知识的建构和感知的发展尤其如此，这一点会在以后的发展阶段中显现出来。"

婴儿通过运动和感觉来认识环境，通过物体的起落了解世界。儿童认识事物是通过不同的规律和变化理解事物的内部联系，而在运动中，孩子会获得更多了解规律及变化的途径。Rolf Oerte 博士说："运动不光有助于身体的健康发展，还有助于自尊和自信的确立。儿童这种对自己身体运动的掌控能力可迁移到日常生活中去，使他们能在各种不同的情境中应对自如。随着活动范围的扩大，儿童的自信心会不断加强。而身体动作也是社会交往的手段之一。好的活动应该能够促进儿童的精细动作发展。"

孩子如果在婴幼儿时期缺乏运动刺激，那么他将会对运动持消极态度，而且对运动既没有热情亦无技能。这会使他们长时间地坐着，器官和肌肉长期得不到有效的锻炼，以致体形变坏、运动能力低下。除此之外，较之常常运动的孩子，缺乏运动的孩子会不够活泼，精神不佳，思维受限，甚至智力受损。单一的、缺乏运动的生活习惯不仅不利于器官发育，还有可能导致过瘦或过胖，由此又进一步引发合作性和运动问题，从而有可能成为一个学业甚至事业、生活上的失败者。

很多父母往往按照自己的需要安排孩子的时间，孩子几乎没有自由游戏的时间。这样的孩子在孤独中成长，社会交往大大减少，也有可能导致孩子在今后生活中的人际交往能力变弱，产生严重的社会问题。

当然，运动也是有潜伏危险的。但从另一个角度来说，正因为有危险，孩子才不得不从中学习如何保护自己。如果在婴幼儿时期缺乏与年龄相应的运动经验，那么发生事故的可能性就会大得多。运动经验有助于减少危险，孩子能从中获得处理危险的知识。孩子们活动得越多，就对自己的把握越大，也就越安全。

曾有幼儿园，对鼓励运动与发生运动事故进行了调查。被安排更多运动的一组孩子，不仅仅运动能力变得更强，更懂得规则，更容易开心，运动事故率也有了一定的下降。而另一组被禁止运动的孩子，变得更沉默，一旦开始某项运动则变得混乱，事故率也有所上升。

那么，所有的运动都值得鼓励吗？答案是不一定。鼓励孩子运动需要建立在适合孩子年龄、体能的基础上。运动虽然重要，但也不能一味地要求孩子做超出年龄和体能的运动。顺其自然、循序渐进是孩子运动的正确规律。

而有一些运动，不宜给孩子做或不宜过早让孩子参与。

1. 扶腋弹跳或使用弹跳秋千　适合年龄：18 个月 +

低龄宝宝的下肢、脊椎还不足支撑弹跳时的体重，膝关节也没有做好快速活动和承重的准备，经常这样弹跳会影响下肢、关节和脊椎发育。此外还不会爬行的婴儿大量弹跳会阻碍他们顺利发展到爬行阶段，应该等到宝宝走得比较稳以后，再让孩子学习跳跃。

2. 颈圈游泳　适合年龄：都不适合

游泳是一项很好的运动，可促进婴儿的触觉、四肢和心肺的发展，也能促进血液循环，从而促进肌肉的发育和生长，但是很多家长没有意识到颈圈会给孩子带来安全隐患。婴儿带颈圈游泳时，主要是依靠颈部的气圈漂在水面上产生的浮力来克服地球的重力，这对于还未发育好的颈椎是超负荷的，容易造成颈椎的损害。

3. 用学步带学步　适合年龄：都不适合

家长拉着学步带的时候，阻碍着孩子四肢的自由活动，也破坏了婴儿自己控制身体的平衡，还可能发展不良的走路姿势。让孩子自己扶站后再学习走路，是更好的方式。

4. 拔河　适合年龄：6 岁 +

拔河是一项对抗性较强的运动，往往会使孩子的手掌皮肤被绳索磨破，甚至由于双方拉扯时间过长、用力过猛，在强烈的外力作用下，容易引发脱臼或软组织受伤，严重的还会引起变形，影响孩子体型健康。

5. 长跑　适合年龄：6 岁 +

长跑对人体各关节的冲击力度很高。孩子经常进行长跑锻炼，对关节处的骨骺发育不利。尤其在坚硬的马路上进行冬季长跑时，对关节冲击力更大，骨骺容易出现炎症，从而影响孩子长个子。长跑也是一项心脏负荷运动，孩子过早进行长跑，会使心肌壁厚度增加，限制心腔扩张，影响心肺功能发育。

6. 掰手腕　适合年龄：4 岁 +

一些父母喜欢和孩子掰手腕比试臂力，但孩子的四肢各关节的关节囊比较松弛，坚固性较差，加之骨骼还没有完全骨化，易在外界各种不良因素的影响下发生肢体变形。如较长时间用一臂练习掰手腕，可能造成两侧肢体发育不均衡，甚至使脊柱发生侧凸。父母在和孩子做这个游戏的时候，多迁就力量，作为一个游戏，输给孩子吧。

7. 小区健身器材　适合年龄：6 岁 +

现在的小区一般都有配套的健身器材，每天我们都能看到小朋友们玩得得意忘形的样子。但其实小区里的健身器材基本都是给中老年人配备的，目前还没有安装适合儿童的健身器材。在没有大人时刻照看的情况下，孩子把小区健身器材当玩具其实是很危险的。

暖妈说

家长在指导孩子做运动时，不能想当然、凭经验，要学习掌握正确的训练方法和运动技术，科学地增加运动量，对于各方面还未发育成熟的孩子，一天的运动量不能过大，以运动后孩子不感到疲劳为限。

贵人语迟？
孩子的语言敏感期可千万别错过

空桥、屏多、呆乖雨……

暗来、哦呀、包包物……

是不是一头雾水，完全找不到头绪？暖妈看到闺蜜发的这条朋友圈，

包包物！

一开始也是蒙圈的。然后，立马反应过来，这是她在炫耀她家宝贝会说话啦，而且还是只有她才能听懂的宝宝初语。

且听亲妈的翻译：空调、苹果、大怪鱼；拿来、饿呀、抱抱我。

哈哈，每个妈妈都是孩子的同声传译啊！

看到这条朋友圈下面，有妈妈羡慕地留言问：不是男孩说话晚吗？怎么麦哥说话这么早？

麦哥，15个月，正是上面那些"暗语"的作者。据闺蜜介绍说，6个月会发"爸爸"、"打打"的音，8个月叫"妈妈"，1岁左右开始有意识地说"水"、"要"、"奶奶"，最近更发展到飙话，逐渐呈现小话唠的趋势。虽然发音还不标准，但爱说、敢说、能说，可算是棒棒哒！

那么，男孩说话晚、贵人语迟等说法，到底有没有科学道理？

孩子说话晚，父母先得自查自纠

对照《家庭自测 0 ~ 3 岁宝宝语言发育能力》表，宝宝语言发育正常情况是：2 ~ 3 个月咿呀发音，4 个月后会模仿一些声音，7 ~ 8 个月能发简单的单音节，12 个月能表达需求，如"抱"、"不要"、"饿"等，18 个月能讲 2 ~ 3 个字的词组，知道"你"、"我"等，2 岁之后，逐渐可以说较复杂的句子。

从麦哥和身边的其他一些男孩子的语言发育情况来看，男孩完全可以按照这个表格，在合适的年龄达到相应的语言发展能力。

虽然现代医学研究表明，男女大脑确有很多不同，男孩的左右脑联系能力比女孩弱，在语言能力方面相对落后。但并非男孩一定就说话晚，只要在正确的年龄开始学习，大脑都会有非常好的反应。

其实，宝宝都是天生的语言大师。有研究表明，刚出生婴儿的大脑就能分辨世界上全部约 800 个音素，这些音素串起来可以形成任何一种语言。这个时期，宝宝是真正的世界公民。

但这种与生俱来的语言能力并不足以促使宝宝说出最初的词句。真正学会说话，宝宝需要无数次的倾听和模仿。

所以那些还在相信"男孩开口晚"、"越晚说话的孩子越聪明"而对孩子说话问题放任无为的家长们，真要注意了：0 ~ 3 岁是宝宝语言发育最快、最关键的阶段，千万别错过了这个黄金期。在语言学习过程中，家庭教育引导和周围语言环境非常重要。

一个沉默寡言的家庭，父母说话少、交流少，孩子就缺乏学习模仿的对象，自然开口晚。而如果家庭语言环境太过复杂，如父母来自不同地域，几代人说各自的方言，对同一事物有不同的称呼和表达，孩子就会迷茫究竟应该怎么说，从而导致语迟。

"苹果"说成"屏多"，"二"说成"爱"，语音不准的现象在孩子学话之初再平常不过。还有很多家长发现，本来说话挺正常的孩子，忽然变得

"结巴"了，其实这不过是因为 2 岁左右的孩子语言能力暂时跟不上思维所致。如果这时父母强加纠正或取笑，会给孩子造成紧张和压力，损伤其说话的积极性。

还有一种情况是家长太过善解人意。孩子一个眼神、一个手势，就能达成所愿。如想喝奶了，指一指奶瓶，家长立马送上，长久以后，孩子也就懒于表达了。

生理和疾病因素也需注意

除了家庭教育方面的因素外，还有一些先天障碍或疾病会导致孩子说话晚，需要特别注意。

首先，听力障碍会严重影响孩子学说话。因为宝宝不能接受外界声音和他人语言，自然无法开口说话。听力障碍可能是先天的，也可后天疾病所致，所以家长应随时关注孩子的听力健康。

其次，一些先天性的生理障碍也会影响孩子说话，比如舌系带粘连或过短、声带异常或受损等，导致孩子无法正常发音。另外，孩子先天智力发育迟缓，也会影响语言能力的发展。

一些脑部或神经疾病，特别是脑部创伤、脑肿瘤、脑瘫、脑炎等，也会影响孩子正常讲话。比如有的宝宝 1 岁多开始说话，但到 2 ~ 3 岁后却逐渐不讲话了，很可能是得了孤独症或其他中枢神经系统疾病。

所以，如果孩子到了 2 岁还只能发一些简单的音，或语音模糊不清，或完全不说话，家长就应该警惕了，赶快带孩子前往医院进行检查治疗，不要错过治疗的黄金时间。

五招帮孩子打开话匣子

小话唠不是一天炼成的，那么怎么做才能顺利养成一个好说话、说话好、说好话的宝宝呢？暖妈提供五个小妙招，大家可以试一试。

先把自己变话唠。多说话，多重复，即便孩子暂时听不懂你在说什么，但你反复说给他听，他就会记住，存进大脑 CPU 中，总有要调用的一天。提升语言能力就是要增加词汇储备，并反复加深印象。

试做夸张表情帝。放慢语速、夸张口型、提高声调，这些不仅可以吸引孩子注意，更有利于孩子跟学。同时，在教孩子说话时，尽量采用简单的词语或句子，比如孩子不会说"可以"，你可以教他说"好"。

当好现场解说员。每一个生活场景，即便是最简单的洗澡、吃饭、穿衣，孩子都在学习。可以一边给孩子穿衣，一边说："我们在穿衣服，先穿衣袖，再扣扣子。"做好形象教学，当好现场解说员，更有利于孩子学会日常用语。

学会倾听和提问。等孩子可以说一些词语和短句后，就要把话筒交给孩子，并创造一切机会让孩子多说。比如试着让孩子来讲熟悉的绘本，并提问来拓展孩子的联想力。

给孩子找小老师。你教孩子十遍，不如小朋友教一遍，孩子之间的沟通和模仿不是你能理解的模式。所以多让孩子与同龄人玩耍，孩子的能力发展会有惊人的变化。

暖妈说

每个孩子呱呱落地时，都有一套自己的语言，叽里呱啦地谁都听不懂，就像外星派来的可爱小怪兽一样。当他们在爱的声音和气氛中慢慢长大，会尝试着放弃原星球语言，努力学习我们的语言，来对我们表达爱。在这个过程中，我们需要给予更多的理解、包容和耐心。如果你家小怪兽说话真的慢人一拍，也不要过于着急，请给他空间，他会用自己的节奏和方式，带给你惊喜。

性教育开不了口？
再不进行就晚了

一提到性，我们这个社会就呈现出奇怪的两张面孔：表面上，视性为洪水猛兽、剪辑封杀、避讳极深；私下里，却时兴性开放、藐视生命、践踏婚姻道德。比如避孕套广告少见、人流广告满天飞；比如出轨成了常态，婚姻成了儿戏；比如媒体故意用一些带有性暗示的标题和内容来吸引眼球，等等。

这种情况下，如果家长还在不以为然："以前谁接受过性教育，长大不都无师自通了吗？""给几岁的孩子讲性知识，他懂什么啊？"或羞于启齿："这种话不好意思开口，等他自己上学了听老师讲吧！"这样的话，就等于把这份教育权利拱手让给了无明的社会，就是让自己的孩子懵懂无知地去直面这个隐患重重的世界，或者带着扭曲的、错误的性观念长大。

那么爱孩子的你，如果不上好性教育这一课，还算什么好父母？

大环境一时无法改变，我们能做的，唯有从自己做起，让我们的下一代接受正确的、良性的性教育。所以，暖妈曾经强调过多次，现在也要再次强调：

家长绝对应该是孩子的第一任、同时也是最重要的性教育老师！

性教育必须高度重视！必须尽早开始！必须认真对待！

性教育怎么进行

2岁前

虽然孩子到2岁后才基本能接受性知识，但其实，性教育可以提前到更早。比如不当着外人的面给孩子换尿不湿、不给孩子穿开裆裤、不戏弄男孩子的生殖器、不让孩子随地大小便……我想这不仅是对孩子的尊重，也是最初的性教育方式。

你对待孩子的态度越尊重，他就越懂得自尊自爱、就能越早具有隐私保护意识。

2～3岁

2岁左右，可以通过洗澡、照镜子、睡前换衣服等机会，让孩子了解自己的身体各个部位。关于隐私部位，这时候只需要简单地告诉他："小裤裤覆盖的地方要好好保护，手脏了不能摸，不然会生病；除了爸爸妈妈（或其他可信任的家人）帮你洗澡、上厕所、换衣服外，别人不能摸。"

3～4岁

一般3岁左右的孩子就会开始问这样的问题："我是从哪里来的？""为什么女孩子要蹲着尿尿，男孩子要站着尿尿？""为什么爸爸有胡子，妈妈没有？""为什么妈妈的乳房比爸爸的大？"

这时候家长就要适时借助绘本，用较为浅显易懂的语言向孩子解释生命是如何开始的、男女之间有什么区别，根据孩子的问题点到为止即可，不必上成专业的生理卫生课。

推荐绘本：《小威向前冲》《宝宝是从哪里来的呢？》《我从哪里来》《我的故事》《我宝贵的身体》等。

因为一般3岁前的孩子，大多数都还在父母的监护之下，而3岁以后，就要接触社会各样人等。所以，还要及时让孩子初步树立自我保护意识，同样推荐借助绘本的力量，在轻松愉快的氛围中，孩子更容易理解和接受。

推荐绘本:《不要随便摸我》,《不要随便亲我》《不要随便跟陌生人走》《我不跟你走》等。

下面这段话最好在孩子上幼儿园之前就告诉他:"你是自己身体的主人,老师也好、邻居也好、爸爸妈妈的同事也好,不是每个大人的话都要听,任何让你感觉到不舒服的触摸,你都有权利说不!如果对方不停止,一定要想办法赶快离开,跑向人多的地方,然后及时告诉可信任的大人!如果对方说不准告诉爸爸妈妈,也不用害怕,不管发生了什么事,爸爸妈妈一定会保护你的!"

4~5岁

这个年龄段一个很常见的现象是:女孩子会说想跟爸爸结婚,男孩子会说想跟妈妈结婚,有的孩子还会在幼儿园的同龄人中选择结婚对象(暖暖就曾告诉我,幼儿园里谁谁说喜欢她,要跟她结婚)。这表明孩子进入了婚姻敏感期,对性别、自我、异性有了初步的感觉。

有的家长觉得孩子谈论这些问题是早熟、不正常,进行批评和打压,禁止孩子和喜欢的小朋友再来往,这就破坏了孩子的婚姻敏感期。

我的建议是:持正常态度,平等地和孩子交流。比如我会问暖暖:"你想不想和 XX 结婚呀?""你觉得你多大才能举行婚礼呢?"然后听听她的

想法,力争不去做评判,相信孩子自己能顺从内心,找到这段感情萌芽的解决出路。

青春期的性教育又是一个比较宏大的话题,此处暂不展开讨论。只要记住一点:尊重孩子的人格、理解孩子的烦恼、不指责、不审判,有了这样的态度,才有可能帮助孩子度过青春期的迷茫。

这些性教育的雷区，最好别踩

1. 不尊重孩子的身体和隐私

比如展示和玩弄孩子的生殖器、把男孩子打扮成女孩子（或把女孩子打扮成男孩子）、给孩子穿开裆裤满街跑、让孩子随地大小便、把孩子裸露的照片随便发到网上……真心希望这种不尊重孩子人格和隐私的陋习会随着文明程度的提高而逐渐绝迹。

2. 允许其他人随便抱孩子、亲孩子

粉粉嫩嫩的孩子，谁见了都想抱一抱、亲一亲，如果孩子认生、挣扎、哭闹，对方就会说："这孩子太内向了。""给我抱（亲）一下就给你一个糖。"最让人无奈的是，很多父母出于面子，也跟着附和："我们孩子就是内向。""去让叔叔（阿姨）抱一下吧，有糖吃哦！"

我想问问：是你所谓的面子重要，还是孩子重要？今天在你的纵容怂恿下，他顺从了不熟悉、不喜欢的人，以后若是遇到更进一步的诱惑和侵犯，孩子该如何区别分寸、正确对抗？

3. 打压孩子萌芽的性意识

孩子摸生殖器自慰的时候、对自己和异性小朋友身体产生好奇的时候、想跟某个小朋友结婚的时候，父母认为这是不正常的行为，从而骂孩子下流、流氓、不知羞耻，甚至通过打手、体罚等行为打压孩子的性意识。

可是没有性的萌芽，哪来爱情和婚姻的参天大树？用这样羞辱性的语言和行为，摧毁的不仅是孩子正确认识性的机会，更是孩子未来的幸福。

4. 回避孩子跟性有关的问题

当孩子问"我是从哪里来的"这一问题的时候，尴尬的父母往往会拿一些匪夷所思的答案来哄骗孩子："肚脐眼里蹦出来的！""医院抱回来的！""垃圾堆里捡来的！"其中"垃圾堆"这个答案最狠，居然让孩子相

信自己的生命诞生于那么脏的地方，你是担心孩子会成长为一个高贵的人是吗？

大概十年前，我看过一部电影叫《恋爱中的宝贝》，其他情节都忘了，只记得几个片段。片段一：宝贝小时候扯着妈妈的衣角问："我是从哪里来的呀？"妈妈随口答道："从垃圾堆里捡来的呀！"然后和周围的人一起哄堂大笑。片段二：宝贝一直做噩梦，梦见一个孩子在垃圾堆里哭；片段三：宝贝一直拼命洗澡，却怎么也洗不掉心里对自己认定的脏。

电影的悲剧，可能有艺术的成分，但生活中因为父母的无知对孩子造成的伤害，同样并不少见。

5. 漠视孩子的求助信号

网上有许多性侵幼童的案例，都是发生了多次、甚至直到出现恶性事件后才引起人们重视的。而在这之前，也有孩子会跟家人反映遭遇："有人摸我了。""有人亲我了。""我下身很痛。"但是很多家长往往都没有放在心上。

也许很多人根本没有意识到：性侵犯离我们并不遥远，不只是在电视剧里，也不只是在新闻里。你去网上搜一下就知道，很多网友借助这个可以匿名的平台，讲出了埋藏心底多年的秘密。我们看到，原来就在我们身边，隐藏着如此之多的龃龉和恶行。

至于这些网友为什么把痛苦埋藏了这么久？我想，除了父母从不认真听孩子说话而不能获得孩子的信任以外，也可能他们提过一些情况，却被父母忽视了，以至于他们认为自己不可能从父母那里得到任何帮助。

我们不知道，对这些带着伤痕长大的孩子来说，到底是来自外界的伤害大，还是来自父母的伤害大？多么可悲啊！

性教育的要点无非是这几条：将孩子当做一个有人格、有尊严的独立个体，尊重和倾听；分阶段进行适当的性教育引导，点到为止；用浅显易

懂的语言，给予科学正确的性知识；态度端正认真，不含糊其辞、遮遮
掩掩……

暖妈说

　　文中说的这些看似简单，却又实在考验父母的修为。
但是性这个话题，关系到孩子的人身安全、心灵健康以及
未来的感情幸福，谁又能说，做这些事情不值得呢？

　　能上好性教育这一课的父母，才能称得上是真正的好
父母。

如果出现这些信号，
当心孩子发育迟缓

自从暖妈 3 年前开始写育儿文章以来，就见识过无数对宝宝发育速度担忧的焦虑妈。焦虑孩子 6 个月还不会坐，焦虑孩子 10 个月还不会叫爸爸妈妈，焦虑孩子 1 岁了还不会走，焦虑孩子 1 岁半还在流口水……对于这样的自带焦虑妈，暖妈一向的劝诫都是："别着急，每个孩子都有自己的发育规律。耐心等待，让孩子自己慢慢来。"

不过，虽然妈妈们的焦虑 95% 都是过度的，但也不能排除的确有孩子存在发育迟缓的现象，并且儿科医院每天都有发育迟缓的孩子来就诊。为了让妈妈们能更清楚地知道宝宝们在不同年龄段的发育迟缓信号，暖妈总结了一些研究成果，并结合自身的实践，为大家提供了一些要点，希望能让妈妈们心中有数，到底什么时候应该淡定，什么时候应该去咨询儿科医生。毕竟，还是妈妈最了解自己的孩子。

运动能力篇

如果在以下的年龄段，仍然有下列行为，则表示孩子的运动能力发育迟缓：

2 个月以后，当你帮宝宝从躺姿变为趴姿时，仍然不能自主抬起头；宝宝仍然看上去很僵硬或者全身软趴趴；将宝宝抱入怀里时，他会使劲反弓背部和脖子（就是似乎要努力推开你的动作）。

2～3个月后，当抱起宝宝的躯干时，他的双腿变得僵硬，并呈现剪刀状（十字状）。

3～4个月时，仍然不会抓握或伸手去拿玩具；仍无法很好地支撑自己的头部。

4个月时，仍不能将物品放入嘴里；当脚落在硬质平面上时，仍不会蹬腿。

4个月以后，仍然会有莫罗反射（又称惊跳反射，面对突然的外来刺激，出现的双臂伸直、手指张开、背部伸展或弯曲、头朝后仰、双腿挺直、双臂互抱的动作）。

5～6个月以后，仍然存在非对称紧张性颈反射（当宝宝脑袋转向一侧时，同侧的手臂伸直，而另一侧的手臂如击剑姿势般上弯）。

5～6个月时，仍不能自主翻身（仰卧到俯卧，或侧卧到仰卧）。

6个月以后，仍只会用一只手去伸手够东西，而另一只手保持握拳姿势。

6个月时，仍然不能在大人的帮助下扶坐。

7个月时，被拉起呈坐姿时，头部支撑能力仍然很差；仍不能准确地将东西放进嘴里；仍然不会自主地去伸手够东西；双腿仍然无力，且双腿不能承受一些重量。

9个月时，仍然不能独坐。

10个月以后，爬行时姿态仍然不平衡（只能用一侧的手脚爬行，另一侧的手脚只能拖着前行）。

12个月时，仍不会爬；仍然无法扶站。

18个月时，仍然不会走路，学会走路几个月以后，仍然无法自如地行走，或者只能用脚尖走路。

2岁以后，每年长高不到2英寸（约5厘米）。

3岁以后，仍经常摔倒或仍无法独立上下楼梯；仍持续地流口水；仍不能自如地摆弄小物件。

语言、沟通能力篇

如果在以下的年龄段，仍然有下列行为，则表示孩子的语言、沟通能力发育迟缓：

4个月时，仍没有表现出任何开心或者不安的情绪，不会叽叽咕咕的自言自语。

6个月时，仍然不会大笑或尖叫，仍不能在叽叽咕咕自言自语的时候加入一些"啊，哦，噢"等元音发音（韵母）。

7个月时，不会模仿其他人的发音，不会用动作来吸引别人的注意。

8个月时，仍然没有开始在咿呀学语中发出 b、p、f 等辅音发音（声母）。

9个月时，叫宝宝的名字或小名时没有任何反应，仍不会发出一些完整（包含声母和韵母）的简单词语，如 mama、baba，仍不会顺着你的指示看你手指的方向。

12个月时，仍不会说妈妈和爸爸，仍不会使用一些简单手势，例如挥手、摇头或指物等，仍不明白"不行"、"再见"等简单的指示，并对这些指示产生反应，仍不会用手指出感兴趣的物体，例如小鸟、飞机等。

12 ~ 15 个月时，仍不会犹如对话般学语。

暖妈说

每个宝宝都有自己不同的发育轨迹，即使你家宝宝出现了本文中列出的一些信号，也没必要过分焦虑。及时咨询儿科医生，多根据宝宝的弱项进行一些有针对性的引导，绝大部分的孩子都能在成年前变得正常。

孩子是花，用心浇灌，都能娇艳绽放！

第四篇　疾病

每个家庭都会经历的宝宝常见病，新手父母如何应对

这些宝宝的常见病，根本不用吃药也能好

之前有很多妈妈咨询过我一些常见病的护理心得，其实，除了疱疹性咽峡炎以外，有很多宝宝的常见病，其实都不用吃药（尤其是抗生素和抗病毒之类的药物），通过自身的免疫力就能痊愈。而在生病的过程中，爸爸妈妈们真正需要的，是积极正确的护理、一颗强大的心脏以及跟家里老人耐心的沟通。

幼儿急疹

幼儿急疹（又叫玫瑰疹）一直被称为是考验新手父母的第一次挑战。它一般表现为婴幼儿在没有任何症状的前提下突发高热，并持续 3 ~ 4 天，之后体温突然下降恢复正常，同时前胸、后背、脸、脖子等部位出现密集的红色丘疹，是一种小儿常见的病毒感染性疾病。因为这种病最常见于 6 个月以后的宝宝，很多孩子，以前好好的，突然之间就发高烧，而且一上来就是 39 度多，且没有其他症状，大部分的父母在没有经验的情况下，很容易不镇定，导致着急忙慌地去医院，静脉输液抗生素。

早在暖暖刚 6 个月的时候，我就写过幼儿急疹的正确护理心得。幼儿急疹是由病毒引起的疾病，此间全靠宝宝自身的免疫系统的不断完善来最终获取胜利。因为不是细菌感染，所以抗生素是没有任何效果的。而利巴

韦林之类抗病毒的药物，也会伴随着杀死很多正常的细胞，所以美国FDA已禁止用于儿童。幼儿急疹不需特别护理，但因为伴有高热，所以幼儿急疹期间最重要的就是给宝宝降温，以获得舒服的体感和避免高热惊厥。

38.5度以下可以采用物理办法让宝宝更加舒适：脱掉大部分衣服；用温水擦拭额头以及颈部、腋下、腹股沟等大动脉走行的位置；洗个水温35度左右的温水澡等（目前，也有最新的科学研究表明物理降温对退烧无效，但暖妈觉得如果能通过这些方式让宝宝获得更舒适的体感，还是值得尝试的。如果宝宝拒绝，就不要勉强）。38.5度以上可使用退烧药。一般推荐强生旗下的美林和泰诺林，间隔6～8小时以上服用。如果在使用一种退烧药不能实现很好的退烧效果，或者很快反弹的话，4小时后可再交替使用另一种退烧药。单纯的发热对身体没有任何影响，不会像很多老人说的那样会烧成肺炎，更不会烧坏脑子。

病毒感冒

感冒，又称急性上呼吸道感染。虽然引起感冒的病原体多种多样，但90%的感冒都是由病毒感染引起的，而病毒本来就无药可医，是一种自限性的疾病，即使什么都不做，随着病毒生命周期的结束，感冒同样会在7～14天左右痊愈。目前市面上绝大部分的复方感冒药，其实并不针对感冒本身，而是主要用于缓解感冒的伴随症状，如流涕、发烧、鼻塞等。其中对乙酰氨基酚是退烧药成分，金刚烷胺是抗病毒药物（1岁以下禁用），氯苯那敏、苯海拉明、扑尔敏则主要用于缓解各种过敏。美国儿科学会建议不要给6岁以下的孩子服用复方感冒药，因为对于6岁以下的儿童而言，使用复方感冒药很容易在某些成分上导致药物过量，引起非常严重的副作用。

轮状病毒引起的腹泻

一般再淡定的家长，碰上轮状病毒的时候，也会惊慌失措。因为它除了导致严重的水样腹泻之外，还会伴随着 3 天的高烧、吃啥吐啥的喷射状呕吐以及可能随之而来的脱水。这种在 5 岁以下宝宝中多发的一种常见病，尤以 6 个月到 2 岁的宝宝最多见。一般常发于 9 月至 3 月，又称秋季腹泻，因病毒长得比较像车轮而得名。

暖暖在 1 岁 5 个月的时候得过轮状病毒，那 7 天简直如梦魇一般。一天腹泻 5 ~ 10 次，床头也常备着纸巾和水盆，以应对睡着之后突然的呕吐。虽然目前尚不完全清楚轮状病毒的传染方式，但一般都会因自身免疫力和病毒的生命周期结束而痊愈，使用抗生素治疗无效。而且在面对腹泻宝宝时，不要盲目使用止泻药。因为发病初期，腹泻能将体内的致病菌和病毒以及它们所产生的毒素和有害物质排出体外，减少对人体的毒害作用。此时如果使用强效止泻剂，反倒把病毒残留在了体内。

面对一个被轮状病毒折磨的可怜宝贝，最重要的就是做好退烧和补水，以及小心调养被破坏的肠道菌群。退烧 + 口服补液 + 连续 2 周口服益生菌，才是正确的护理方法。另外，在发生腹泻的初期，及时带着宝宝的排泄物去医院化验，确认是否是轮状病毒感染也非常重要！

疱疹性咽峡炎

暖暖没得过，所以我没写过相关的护理心得文章。但是因为疱疹性咽峡炎是一种 70% 以上孩子都会经历的高发性疾病，所以为了防患于未然，我早已把这种疾病的来龙去脉和护理方法研究了个底儿透。疱疹性咽峡炎最可怕的一点不在于伴随的高烧，而是在于因为咽喉部分长满了水疱，当水疱溃破的时候，宝宝会疼痛难忍，连进食、喝水都变得十分困难。

疱疹性咽峡炎与手足口病同为肠道病毒引发的呼吸道感染疾病，以急性发热和咽峡部疱疹溃疡为特征，主要传播途径为飞沫、唾液，口腔接触。发病初期是高烧，嗓子水疱时孩子可能还不觉得疼，等到孩子不烧了，反而不吃不喝哭闹不止。这时，疾病进入下一个阶段，即水疱破后的溃疡期。

溃疡期就代表快好了，可这几天，对宝宝来说是最难受的。不管在病程的哪个阶段，都要拒绝使用抗生素，也不要使用利巴韦林等抗病毒的药物。盲目的杀菌和抑制细胞会造成正常细胞也受到抑制，反而会延长病程。

应对疱疹性咽峡炎溃疡期最好的方式就是多喝凉水。疱疹的黏膜溃破之后，细菌会在破处繁殖，渗出的疱液对细菌来说也是营养，鼓励多喝凉水，能对创面起到冲刷的作用，加快恢复速度。另外，凉水本身也有镇痛的作用。所以，一定要鼓励孩子多喝凉水，哪怕忍着疼少喝两三口水，也是好的。

作为一个妈妈，暖妈超级理解那些新手爸妈、爷爷奶奶们在面对一个被疾病折磨得可怜巴巴的宝宝时，总希望能够"做点什么"，来缓解心中那种手足无措的慌乱感。好像宝宝都病了，不带着他跑医院打针、输液、吃药、推拿，就不是合格的家长。如果谁还敢说"什么都不用做，扛着就行"，那简直更会成为全家的公敌。

暖妈想说的是，虽然我也理解这种不 do something 就总觉得没尽责的愧疚，但盲目地用药非但不会让宝宝好转，反而可能加重病情。

暖妈说

每个孩子的成长历程中，哪能没点生病的经历？宝宝生病，对大人是心理承受力和生理疲倦力的双重考验，但对孩子来说，也许也是免疫力提升的过程。希望看完这篇文章，大家别再被心中那点"不做什么就愧疚"的情绪打倒，认真学习，积极成长，每一次生病的经历，我们才能离成为无坚不摧的强大妈妈更进一步。

孩子说肚子痛？
可不是揉一揉、喝热水那么简单

肚子痛，可算得上孩子最常出现的状况之一。

饿极了可能肚子痛，吃撑了可能肚子痛，吃得不卫生会肚子痛，便秘拉不出也会肚子痛，甚至有的孩子紧张、闹情绪时也常常肚子痛。

或许正因为太过常见，很多家长都不够在意，习惯性认为揉一揉、捂一捂、喝点热水，就没事了。

在大多数时候，这确实是个有效的办法，能安抚孩子，也能缓解痛感，但可别忽略了特例。

暖妈一位师姐的儿子，就遭遇过一次危险的肚子痛。开始的症状和一般消化不良无异，孩子觉得肚子胀痛，不想吃饭，也不想动。师姐没在意，给孩子揉了揉肚子，吃了点健胃消食片。可几个小时后，孩子开始发烧、呕吐，送医院检查才知道是小儿急性阑尾炎，而之前揉肚子的行为还加重了炎症，差点穿孔。现在说起来，师姐都还在后怕。

看似平常的肚子痛背后，可能藏着意想不到的严重病因，所以一些肚子痛的常见问题，家长们还是要了解的。不能当孩子出现状况时，我们还在状况外。

医生们都怕的"肚子痛"

与家长们的无知者无畏相反，儿科医生对每一个肚子痛的孩子都会打起十二分的精神。

因为肚子痛在医学上称为急腹症，任何年龄段的孩子都可能发生，其背后的原因五花八门，有内科疾病导致的，也有外科疾病引起的。更重要的是，有些不同原因诱发的肚子痛，初始症状都很类似。一个孩子肚子痛到底是重症、还是问题不大，并不好判断。

暖妈在儿医闺蜜的指导下，帮大家进行了梳理。简单地说：大部分肚子痛都不是什么大问题，比如肠胀气、胃肠炎、胃肠功能紊乱、便秘引起的肚子痛，适当调理饮食或辅助性治疗，过段时间自己就会好。

另一部分肚子痛是伴随其他疾病发生的，除了肚子痛外，还会同时出现其他症状，相对好判断，比如上呼吸道感染引起的腹腔淋巴结肿大、胸膜炎、扁桃体炎、肝炎、寄生虫、过敏性紫癜等引起的肚子痛。

还有小部分由外科疾病引起的肚子痛，就是必须警惕的，如婴幼儿常见的肠套叠、疝气，学龄期儿童常见的急、慢性阑尾炎，各种原因引起的肠梗阻等。这类肚子痛就是隐藏的危险，它们属于器质性疾病，常常需要手术治疗，且延误治疗后果很严重，甚至可能危及孩子生命。

所以儿科医生在诊断一例肚子痛时，往往需要内外科会诊，甚至几个医生轮流来诊断。

学会自查，这些情况须上医院

判断肚子痛严重与否，对于儿科医生来说都这么难，那么问题来了，作为医学小白的家长们，是不是只要孩子一喊肚子痛就必须立马送医院呢？

其实，家长拥有医生无法比拟的优势，相对于陌生的白大褂，孩子更接受家长的询问和触摸。所以，我们最好学会一些基础的判断方法，这也有助于后期医生的诊断。

当孩子喊肚子痛时，我们首先要仔细观察孩子的表情，如果相对放松，还能说能笑，多半问题不大；如果脸色不好、出汗、弯腰、不想动也不想说话，那就需要送医院检查。

我们可以摸摸孩子的肚子，如果软软的，按下去没有阻力，没有压痛，多半问题不大；如果孩子很抗拒被摸肚子，或肚子摸起来较硬，或固定某一个地方痛，最好送医院检查。

另外，可以试着让孩子跳一跳，如果跑跳自如，多半也问题不大；相反，则需要送医院检查。

除了肚子痛外，孩子还出现发烧、呕吐、大便有血等症状时，需要尽快送医院，因为这时的肚子痛很可能隐藏着更严重的病症。

还有持续加重的腹痛，或长时间的腹痛，以及外伤后的腹痛一直不缓解，也需要及时就医。

同时，家长还要细心观察，记录孩子病情的变化发展过程，毕竟你们是陪伴孩子时间最长、最了解孩子的人。

肚子痛 N 种可能，记住！

虽然肚子痛不好判断，但并不是完全没法辨识。特别是很多急症、重症都有自己的特点，记下来，以备不时之需。

肠绞痛

年龄：10天～3个月常发。

症状：疼痛不适通常在午后和傍晚更严重，同时可能伴随有无法安抚的哭闹、蜷腿、频繁的排气，孩子处于易激惹状态。

建议：无需特别治疗，可以摇晃、包裹、飞机抱，重在安抚。

肠痉挛

年龄：0～6岁常发。

症状：因孩子植物神经调节功能紊乱引起的，与吃东西和活动无明显关系，无规律性。腹痛部位多在脐部周围，肠鸣音较活跃，压痛不明显。还常有植物神经紊乱的表现，如流涎、夜间磨牙等。

建议：可用热敷、顺时针按摩的方式来减缓疼痛。

便秘

年龄：不同年龄段均可发生。

症状：孩子大便成形后，肚子痛最常见的原因就是便秘。想要排便时产生腹痛，痛感不严重，持续时间不长，孩子精神状态和食欲均正常。

建议：可按揉和热敷来缓解腹痛。家中可常备益生菌，同时调节饮食，增加富含纤维素、果胶的蔬果，培养定时排便习惯。

肠胃炎

年龄：不同年龄段均可发生。

症状：以整个下腹部疼痛为主，伴有呕吐、腹泻、肚子软，无固定的压痛点。只是单纯肚子疼时，孩子精神状态好。

建议：不可按揉和热敷，否则可能会促进炎症发展。注意调节饮食，症状加重的话及时送医。

肠套叠

年龄：2岁以下常发，尤其是6～12个月的宝宝。

症状：阵发性的腹痛、哭闹，反复多次。此外，呕吐、肚子上有鼓包、血便等也是典型症状。

建议：不可盲目按揉，可能会加重病情，但可适当热敷缓解疼痛，并及时就医。

肠梗阻

年龄：不同年龄段均可发生。

症状：腹痛剧烈，伴有呕吐。呕吐物是未消化的食物，甚至胆汁样。严重时，甚至可见肠子一排排鼓在肚皮下。

建议：不可按揉，迅速就医。

阑尾炎

年龄：6～12岁常发。

症状：明显腹痛、腹胀，躺在床上时都不敢动。先肚子疼，后发烧（一般在肚子疼6～10小时后），还会出现消化道症状，如恶心、呕吐、腹泻等。

建议：不可按揉和热敷，否则可能会促进炎症化脓，24小时内尽快送医，防止阑尾穿孔。

肠道蛔虫症

年龄：不同年龄段均可发生。

症状：疼痛部位不固定，同时伴有消瘦、营养不良和贫血等症状。当蛔虫进入胆道时，会出现右上腹肋沿下剧烈绞痛，面色苍白，甚至休克。

建议：化验大便，确诊后及时进行驱虫、镇静、抗过敏等综合治疗。

小儿疝气

年龄：不同年龄段均可发生。

症状：腹痛，在腹股沟区或阴囊内出现包块，有疼痛感，出现恶心、呕吐、停止排便、排气等肠梗阻症状。孩子哭闹不停，如不及时就医可能会出现肠坏死等严重情况。新生儿疝气不易发现，有时仅表现为吐奶或肠梗阻症状，所以最好由医生诊断确定。

建议：不可按摩和热敷，及时就医。

过敏性紫癜

年龄：3 岁以下常发。

症状：腹痛，同时伴有四肢皮疹，出现皮肤紫癜、黏膜及某些器官出血，并可同时出现皮肤水肿、荨麻疹等其他过敏表现。

建议：一旦确诊，避免接触一切可疑的过敏原，包括玩具、书和饮食中的蛋白。

腹型癫痫

年龄：常见于儿童。

症状：突发腹痛，常集中在脐周或上腹，发作时可能有一定程度意识障碍，伴有恶心、呕吐、腹泻等状态，同时，面部潮红、苍白、出汗、眩晕等。

建议：及时就医确诊。

秋季腹泻高发季，
90%宝宝都会中招的轮状病毒，到底怎么破

备受煎熬的7天终于过去了，从第7天下午开始，暖暖突然开始拉成形的大便了，精神状态也好了许多。这让在焦急和担心中煎熬了整整一周的我们终于开始有可以放宽心的感觉。从第一天的第一口喷射状呕吐开始，1岁5个月的暖暖这7天历经了高烧39.8度、吃任何东西都喷射状呕吐、每天水状大便6次以上、中度脱水、白天无精打采晚上哭闹不止。最可怕的是，这些所有让人糟心的事情，是在同一时间发生的。如果说一年前的幼儿急疹是对新手父母淡定程度的第一次考验，那么这次的轮状病毒，可谓是对父母和宝宝的第一次真正的双重挑战。在做父母的这条路上，大家都是一边面对问题一边积累经验，慢慢地成熟成长，百炼成钢。7天过去，我真的觉得自己和宝宝都共同成长了。我把这几天的经历和心得总结成这一篇短文，给各位妈妈们分享。

一、什么是轮状病毒，如何识别

轮状病毒是在5岁以下的宝宝中多发的一种常见病，尤以6个月到2岁的宝宝最多见。一般常见于9月至次年3月，又称秋季腹泻。因为病毒长得比较像车轮状而得名。

轮状病毒主要表现为水样腹泻，伴有发烧、呕吐和腹痛。腹泻物多为白色米汤样或黄绿色蛋花样稀水便，有恶臭，但不含血或黏液，这点明显有别于细菌性腹泻。一般轮状病毒只可通过大便化验确诊。如果宝宝突发较为严重的上吐下泻，同时伴有高烧，大便无血无黏液，多为轮状病毒感染，请立即去医院，通过大便化验的方式确诊。在确诊病因之前，请拒绝一切的口服和静脉输液抗生素治疗。

二、如何护理感染轮状病毒的宝宝

轮状病毒一般是由传染导致的，目前尚不完全清楚传染方式，也没有特效治疗的药物。一般因为自身免疫力和病毒的生命周期结束而痊愈，使用抗生素治疗无效。

值得注意的是，虽然轮状病毒没有特效药，但是并不意味着我们什么都不能做，最重要的就是要避免因为呕吐和腹泻导致脱水。轮状病毒只是短暂的难受，但是重度脱水却有可能危及生命。轻度脱水时，多喝白水或者其他补液饮料即可（暖暖那时候特别爱喝荞麦水）。中度以上脱水就必须喝补液盐了，严重时需要静脉补液（挂盐水补液，不等于静脉使用抗生素）。因为细胞大量失水后，体内钾钠的含量会大幅降低，影响心肌功能，如果再摄入白水，会更加稀释钾钠的浓度。

判断脱水程度的标准很简单，如果 6 小时没有尿，哭的时候少泪或无泪就已经是脱水了。如果出现眼窝凹陷，皮肤弹性下降，那就已经到了中度脱水了，需口服补液盐，如果无法口服补充，请立即送医院。

另外，和睦家医生建议，因为受轮状病毒侵袭，小肠黏膜受损，所以极易发生乳糖不受的现象。宝宝感染轮状病毒期间，最好暂停各种辅食，先喝水和奶，等到喝水不吐了再开始吃米粥、米糊等半流质食物，然后再逐渐过渡回固体。已经断奶喝奶粉的宝宝也最好暂停普通奶粉，而是换成不含乳糖的腹泻奶粉，否则都有可能加重腹泻。

面对发烧的状况，坚持一贯的原则就好，38.5 度以下以让宝宝体感舒适的散热降温为主，38.5 度以上给退烧药（美国儿科学会的建议是 39 度以上，我国一般建议 38.5 度以上）。先给泰诺林，如果退烧无效或温度迅速回升，可换成美林。如果一种退烧药可以起到降温的效果，不需要交替用药。两次药的间隔要大于 6 个小时。

轮状病毒引起的发烧属于病毒感染，抗生素治疗是完全没有用的。使用抗生素特别是广谱抗生素，往往会使体内各处的敏感菌受到抑制，并使耐药菌乘机在体内繁殖生长，导致二重感染，反而会加重腹泻。

还需要注意的是，在面对腹泻宝宝时，不要盲目使用止泻药。因为发病初期，腹泻能将体内的致病菌和病毒以及它们所产生的毒素和有害物质排出体外，减少对人体的毒害作用。此时如果使用强效止泻剂，反倒把病毒残留在了体内。退烧＋口服补液＋连续两周口服益生菌，才是正确的护理方法。

三、轮状病毒期妈妈必备品

1. 德国 Oralpadon 水果味口服补液盐

这个是我一直强烈推荐的。中度以上的脱水已经不能通过喝白水来解决，必须口服补液盐或者电解质水。但国内的口服补液盐味道都好奇怪，咸不拉叽的，连我都不愿意喝，别说暖暖了。这个就很好，水果味的，宝宝接受度好多了。有草莓味和香蕉味两种，妈妈们可以自己选择。

2. 丹麦纽曼斯益生菌／美国 Culturelle 益生菌

这两种都是和睦家医生比较推荐的益生菌品牌。前者需要海淘，后者国内进口药店有卖，后者价格更贵。益生菌不是药，是用来调节宝宝紊乱的肠道菌群，建立有益菌环境的。所以一般要坚持服用至少 1 ~ 2 周。如果实在买不到这两种益生菌，也可以考虑国内有一种药"妈咪爱"，跟它们的功能差不多，也是属于益生菌类药。但妈咪爱里有一味屎肠球菌属于耐药菌株，在美国 FDA 是被禁用的，所以就不推荐了。

3. 退烧药：对乙酰氨基酚、布洛芬

这两种不是指某一种品牌的药，而是两种单纯的退烧成分。这两种退烧成分的重要性强调了无数次了就不细说了哈！所有有宝宝家庭的必备，38.5 度以上再给。

一般比较推荐的是两种：一种是口服的，我推荐强生旗下的泰诺林（主要成分：对乙酰氨基酚）和美林（主要成分：布洛芬）；另一种是德国流行起来的屁屁栓，专门针对对口服药抗拒的宝宝，或者因为宝宝熟睡不便于叫醒喂药。建议高烧到 38.5 度以上时，先使用对乙酰氨基酚，如果烧退不下来，可以在 6 小时以后使用布洛芬（布洛芬退烧更快，但相对副作用稍大）。单一退烧药的使用间隔不少于 6 ~ 8 小时，交替使用时间隔也至少不少于 4 小时。

四、关于轮状病毒疫苗

还有妈妈问到关于轮状病毒的疫苗，和睦家医生包括崔玉涛也对这个疫苗持很隐晦的态度。轮状病毒有很多型，就算服用了轮状病毒疫苗也不能保证不得轮状，只能说在得病后减轻症状。而且轮状病毒属于口服减毒的活苗，也存在一定的因为服用疫苗而感染轮状的风险，所以我没给暖暖吃这个疫苗。不过，任何疫苗的存在都有它的道理，毕竟服用疫苗后能减轻宝宝得病时的痛苦，降低轮状的感染概率。妈妈们可以根据宝宝的情况自己权衡。

对症下药！
湿疹的病因、分类及预防治疗方法

相信绝大部分的小宝宝都得过湿疹。暖暖在月子里也得过，整个小脸全是红红的疹子，把我这个新手妈咪急得够呛。现在慢慢经验多了，也就没那么紧张了。湿疹其实不是病，而是一种成长过程。在儿研所和新世纪出诊的皮肤科专家刘晓雁大夫有过一次关于湿疹的讲座，我整理了一下，跟所有与婴儿湿疹反复作战的妈妈们分享！

一、湿疹的成因

湿疹成因复杂，多发于头面部，也可及四肢躯干，大多是由过敏引起的。人体过敏主要有两种屏障：一种是黏膜，一种是皮肤。黏膜过敏又分为呼吸道黏膜和胃肠道黏膜。那么呼吸道黏膜过敏的表现就是上呼吸道的种种症状，胃肠道过敏主要是腹痛，呕吐，生长缓慢。很多母乳宝宝都拉稀便，只要不影响生长，就是正常的生理性腹泻。如果排除掉黏膜过敏，那么就剩下皮肤过敏。皮肤为什么会过敏？因为新生儿的皮肤非常脆弱娇嫩、非常薄，新生儿对外界的环境还充满了不适应，于是皮肤很容易就产生各种免疫反应，比如起疹子、干燥、脱皮、渗水、结痂等，那么解决问题的重点就应该放在皮肤上，就是要保护皮肤！

二、湿疹的分类

从外观上看，湿疹主要分为脂溢性、渗出性和干燥性。

1. 脂溢性：一般多见于 3 个月以内的小婴儿。前额、颊部、眉间皮肤潮红，覆有黄色油腻的痂，头顶是厚厚的黄浆液性痂。以后颈部、腋下及腹股沟可有擦烂、潮红及渗出，称为脂溢性湿疹。患儿一般在 6 个月后改善饮食时可以自愈。

2. 渗出性：多见于 3 ~ 6 个月肥胖的婴儿，两颊可见对称性米粒大小红色丘疹，伴有小水疱及红斑连成片状，有破溃烂、渗出、结痂，特别痒以致搔抓出带血迹的抓痕及鲜红色湿烂面。如果治疗不及时，可泛发到全身，还可继发感染。湿疹有渗出时，家长往往就不敢抹东西了，实际上有渗出时更要多多抹保湿霜。

3. 干燥性：多见于 6 个月 ~ 1 岁的小儿，表现为面部、四肢、躯干外侧斑片状密集小丘疹、红肿、硬性糠皮样脱屑及鳞屑结痂，无渗出，又称为干性湿疹。

三、湿疹的治疗

湿疹如何治疗呢？简单地说，可以分三步走：

1. 止痒。可用激素、单纯止痒制剂。儿研所的肤乐霜和艾洛松配合使用是比较好的方法，这也在很多湿疹宝宝的治疗成功案例中得到了证实。

2. 抗炎。可用激素、免疫调节剂，这个后文会详细说。

3. 保湿。皮肤的干燥会加重湿疹，所以用保湿霜保持皮肤湿润很重要，之前我推荐过的丝塔芙就很好用。

在治疗过程中，尽量找到导致过敏的过敏原。导致婴幼儿食物过敏主要有：牛奶、鸡蛋、豆类、鱼、贝壳类、坚果、花生、小麦等，这里面又以牛奶和鸡蛋最普遍。婴幼儿食物过敏发病率比成人高，发病率随年龄增长而下降。食物过敏是一个普遍存在的问题，回避这些婴幼儿生长发育所必需的可疑过敏食物，并不能完全减少和预防婴儿湿疹发生。随着年龄的增长，一些可疑的食物过敏现象也随之消失，完全回避食物的同时会影响婴儿正常生长发育，造成营养不良。因此，在无明确的严重食物过敏情况下，湿疹治疗过程中不建议完全回避一些婴幼儿必需的食物。

另外，湿疹治疗中重建皮肤屏障是非常重要的。外用脂类可以加速皮肤屏障功能的恢复。增加脂质最好用生理性的脂质，可以渗透。推荐的有丝塔芙、雅漾、儿研所硅霜、郁美净、优泽，不推荐优色林。优色林是凡士林，为非生理性脂质。可以用天然活泉喷雾喷在小儿皮肤上，然后抹保湿霜。不用碱性皂基的清洗剂。对于头顶的湿疹，可用含皂角的皮肤康洗液稀释后代替洗发水使用。头顶皮脂分泌多，洗发水洗头可以一周两次或者隔天一次。

对于激素的使用：婴幼儿所用的激素是中下偏弱的。

使用激素的禁忌症：皮肤细菌、真菌、病毒和寄生虫感染、皮肤溃疡、妊娠期（只对胎儿利大于弊时采用）、哺乳期妇女（不用于乳房和乳头）。

使用激素的原则：任何外用糖皮质激素类药物均不应全身大面积长期使用。激素经皮肤吸收量身体各个部分差异明显，足部、踝部、手掌吸收很弱，前臂、背部吸收比较弱，头皮、腋窝、前额、面颊吸收比较强，阴囊、眼睑吸收非常强。激素经皮肤外用的副作用是可逆的，也就是说当大量使用激素造成肥胖时，停药以后即可恢复。

暖妈说

湿疹和痱子外观很像，但治疗方法迥异，妈妈们很容易混淆，请注意区分！

不外传的 17 个诀窍，
让宝宝远离痱子一整夏

痱子几乎是所有宝宝在夏天都会面临的皮肤考验，现在，暖妈就给大家传授预防和治疗痱子的 17 个诀窍。看完之后，就可以扔掉家里的痱子粉了。

一、如何预防痱子产生

痱子的学名又叫热疹，是因为宝宝在高温闷热环境下，出汗过多，而汗液蒸发不畅，导致汗管堵塞、汗管破裂、汗液排出不畅潴留于皮内引起的汗腺周围发炎造成的。所以预防的关键就是三个字：别！太！热！

（一）适合所有宝宝的原则

1. 室内凉爽通风！这是所有原则的重中之重！千万不要因为怕宝宝被风吹着就紧闭门窗，传统习惯不可取。

2. 26℃是体感舒适温度的上限，如果通风避光状态下室温还超过26℃，那么请一定开空调！

3. 保持宝宝皮肤表面干燥，有汗要及时擦干，并经常用温水彻底清洁。

4. 至少每天洗一次澡，部分炎热地区甚至可以每天洗两三次澡。清水温水冲洗即可，不要每天用浴液，以保护皮肤表面基础油脂。千万不要在热的时候用冷水洗澡洗脸。热胀冷缩的原理大家都懂，冷水一浇，原先张开的毛孔会突然受冷收缩引起汗液潴留，更易导致痱子。

5.贴身衣服每天换洗，以保持皮肤的清洁和干燥。衣服尽量选择宽松柔软的纯棉质地，避免穿尼龙化纤内衣，以减少衣服对皮肤的刺激。如果衣服汗湿了，需要马上脱下来换上干燥的衣服。

6.宝宝因为新陈代谢速度是成人两倍，所以睡觉时极易出汗，所以要注意及时帮宝宝翻身换位置。另外，尽量让宝宝睡在四周通风的小床上。睡在大人中间虽然亲密，但会让宝宝身上的热量不易散发。

7.床单比凉席更适合宝宝。因为凉席特别是南方地区的麻将凉席与皮肤之间没有空隙，容易导致出汗，而且一旦出汗无法吸汗，更容易产生痱子。

（二）1岁以下宝宝还需注意

1.尽量减少宝宝哭闹，大声的哭闹很费力气，会导致出汗和全身发热。

2.不要给宝宝剃光头。头皮上细细的绒毛会帮助散热，剃光头会减弱人体的散热功能，更易导致痱子。而且剃头损伤毛囊，且极易感染，太过于浓密的头发可采用剪短的方式。

3.尽量让孩子独立地趴或爬，不要整天抱在怀里。大人的体温对孩子来讲就是一团火炉，谁愿意夏天老被一团火炉捧着？

4.还在穿纸尿裤的宝宝，要选择贴身合适的型号，腹股沟处不要过紧。

5.喂奶姿势尽量选择侧卧位而非抱着。实在要抱，可以在手臂和大腿上垫一块毛巾，隔热又吸汗。

二、如何治疗已经产生的痱子

关于痱子，治疗和预防其实没有太多的区别，关键还是那三个字：别！太！热！也可以再加三个字：不！要！挠！

1.痱子也是一种自限性皮肤病，只要保持环境温度舒适，皮肤表面干燥，几天就能自愈。

2.痱子产生后会有一定程度上的痒，但是千万不要挠！一旦挠破，导致皮肤感染，会加剧问题的严重性，可以把宝宝的手指甲剪短。

3.一些外用的非处方药可以起到清凉和抗菌的作用。暖妈推荐炉甘石洗剂，针对痱子产生以后的清凉止痒有很好的效果。

4.痱子粉的真实功能其实跟炉甘石洗剂类似，但是痱子粉质轻易飘，容易被宝宝吸入肺里，所以暖妈不推荐给宝宝使用痱子粉。

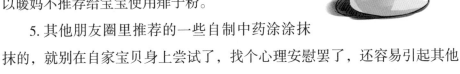

5.其他朋友圈里推荐的一些自制中药涂涂抹抹的，就别在自家宝贝身上尝试了，找个心理安慰罢了，还容易引起其他皮肤问题。

暖妈说

最后唠叨一句，痱子其实不是严重的问题，做好温度的调节就好了。千万不要以为是什么体内有"热毒"，乱给孩子吃一些清热解毒的中药！

腺样体肥大，
竟导致孩子越长越丑、发育迟缓

上周带暖暖去医院做了一堆检查，才让她从"越长越丑"的危险中幸免。现在回想起来，仍心有余悸。总结其中心得，也值得大家警醒！

一、孩子竟然会越长越丑

前几天，我在朋友圈做了一个调查："你的孩子是否出现过睡觉轻微打鼾、张口呼吸、说话带鼻音等症状？"结果一半以上的家长，都反应自己的孩子也出现过类似症状。真正让人触目惊心的是，90%以上的家长还认为：这个不是很正常吗？小孩儿好多都有睡觉打呼噜，张口呼吸的症状呢！

事实果真如此吗？先来看看国外医学网站上公布的一则新闻。

有一对双胞胎姐妹，姐姐萨蔓莎和妹妹凯莉。两人小时候的长相几乎是一样的，但后来容貌差异越来越大，妹妹凯莉越来越漂亮可爱，姐姐萨蔓莎则越长越丑。后来经过调查研究，认定两人容貌差异巨大的原因是呼吸习惯不同。

姐姐萨曼莎因为长期睡觉时张口呼吸，导致面骨的发育发生障碍，颌骨变长，颚骨高拱，形成了上唇上翘、下唇下坠、牙齿排列不齐、上切牙突出、唇厚、眼神呆滞、缺乏表情的"丑小鸭"模样。这种长相，就是典型的"腺样体面容"。

而形成这种面容的元凶，就是极容易被家长们忽视的"腺样体肥大"！

二、腺样体肥大是怎么引起的

医学研究表明，处于 2 ~ 11 岁的孩子，很容易患上一种名为"腺样体肥大"的疾病。腺样体，又称咽扁桃体或增殖体，长在鼻腔和口咽结合处的顶部与口咽的后壁处，是一种表面呈橘瓣样的淋巴组织，跟我们熟知的扁桃体一样，生理性地随着年龄增长而逐渐增大，2 ~ 6 岁增长旺盛，8 岁达到顶峰，11 岁后逐渐萎缩。

很多孩子都有不同程度的腺样体肥大。除了遗传因素外，呼吸道不断感染发炎（如急慢性扁桃体炎、鼻炎、流行性感冒等），不断刺激腺样体淋巴组织，是造成腺样体肥大的最主要原因。

三、腺样体肥大的危害，如此触目惊心

看似 11 岁以后会自动萎缩，不会引起终身的疾病，但严重的腺样体肥大，在 11 岁以前，对孩子造成的影响却是相当惊人！

1. 通气障碍，改用口呼吸导致腺样体面容

因为腺样体肥大会阻塞鼻孔，所以绝大部分腺样体肥大的儿童都会存在或多或少的用口呼吸。这种不正确的呼吸习惯，会导致脸部开始向"下"发展，脸变得窄而长。下巴向后退缩，远离了过去完美和自然的位置。而同样因为下巴后缩的原因，鼻子也会显得更大，脸颊肉也显得下坠，最终形成难看的腺样体面容。

2. 缺氧导致发育迟缓

气道狭窄的最大危害就是缺氧，尤其是导致睡眠过程中吸氧量不足，孩子的夜间血液中氧含量减少，容易造成脑部缺血缺氧，会出现嗜睡、困倦、喘鸣，甚至身高发育、智力、精力等方面的影响。很多妈妈不知道为

什么自己的孩子跟别的孩子比起来为什么总有点发育迟缓，兴许就是这个腺样体搞的鬼！

3.鼻炎、鼻窦炎

腺样体肥大释放出的炎性物质会诱导鼻腔水肿，从而出现长期流涕甚至诱发鼻窦炎、过敏性鼻炎，这些病症诸如连续喷嚏、鼻痒产生大量分泌物又会反过来进一步刺激腺样体，导致恶性循环。

4.中耳炎

由于还有一个重要器官——咽鼓管位于鼻咽部，而咽鼓管又是中耳的通气管，所以肥大的腺样体还会挤压咽鼓管，造成中耳通气功能障碍，从而形成分泌性中耳炎，炎症感染时还有可能因为咽鼓管而感染中耳，造成急性中耳炎，导致耳穿孔、流脓、听力下降。

5.顽固性咳嗽

因为肥大腺样体在鼻咽部的堵塞，一种情况可能造成分泌物后流，刺激孩子的咽喉和气管，造成长期慢性咳嗽；另一种情况是炎性介质长期刺激气道导致长期敏感及"气道高反应"，从而出现刺激性干咳，严重的情况可能会发生喘息或哮喘。

四、极易被忽视，才是最大的可怕

正如前面暖妈的调查结果显示，真正让人恐怖和担忧的是，腺样体肥大的症状，绝大部分的家长非常容易忽视！我也是在暖暖持续了将近一个月的说话鼻音、张口呼吸、睡觉有轻微的鼾声、经常性吸鼻子之后，才意识到是否应该去医院耳鼻喉科做个检查。而医生的说法，更让我心有余悸："如果腺样体肥大导致的呼吸不畅超过6个月以上，就极容易导致越来越丑的'腺样体面容'和因缺氧导致的发育迟缓！"

所以提醒妈妈们，如果一旦发现孩子存在下面的状况：张口呼吸，鼻音（讲话时类似口里含了糖块），睡觉时打鼾，吞咽大块食物感到困难，反复发作上呼吸道感染（如长期流涕、发热、咳嗽等），一定要带孩子去正规医院的耳鼻喉科检查是否有腺样体肥大的病状！

千万不要以为孩子年龄还小就忽视，跟暖暖一起看病的宝宝里面，最小的孩子不到1岁，从6个月开始有上述症状，而去医院检查的时候，腺样体肥大已经阻塞了鼻孔的1/2！

五、孩子腺样体肥大，该怎么办

针对较为严重的腺样体肥大，手术是最有效的治疗方式，但并不是所有腺样体肥大的孩子都只能通过手术治疗。是否需要手术，需要专业的医生来判定。从标准上看，主要有两点：

1.腺样体肥大影响了呼吸，孩子已经出现缺氧的症状，如睡眠打鼾严重、身体或智力发育迟缓、腺样体面容。

2.反复发作上呼吸道感染，如长期流涕、发热、咳嗽等。

除了上述指征以外，对于症状并不是特别严重的孩子，可以考虑采用药物的保守治疗。多数使用血管收缩剂、鼻用激素和抗生素共同解决炎症，减少腺样体肥大的症状，具体的药物临床医生一定会告知您种类及使用方法的。

除此之外，注意营养、预防感冒、增强免疫力也非常重要的。

当然，即使治愈了腺样体肥大，孩子也可能会因习惯而继续用嘴呼吸。有研究数据表示，孩子面部的发育有60%是发生在5岁前的，12岁左右90%的面部发育已经完成了，但是下颌的发育会持续到18岁。所以，越早纠正孩子用嘴呼吸的习惯，孩子的面容越容易恢复正常。

每天做上下唇、颊肌的训练。可以反复用上下唇夹住一张硬纸片并且快速抽出，每天3次，每次5分钟左右。可以通过让孩子吹口哨、吹小喇叭、吃棒棒糖、嚼口香糖并吹泡泡等方式，训练孩子闭口呼吸，并且通过舌头和脸颊的运动促进口腔和牙齿的清洁。

发烧别着急去医院，
先掌握这些宝宝发烧应对攻略

　　暖妈答应了大家很久，要写一篇严谨科学的应对宝宝发烧的全攻略，正好借这个机会分享给大家，家长们赶紧收藏起来，再也不用在宝宝半夜突然发烧的时候着急忙慌抱着孩子挂急诊了！

　　在跟妈妈们分享如何应对宝宝发烧之前，暖妈要先纠正几个宝宝发烧的常见误区：

误区一：宝宝高烧会烧坏脑子吧？

　　是不是很耳熟？相信这是只要宝宝一发烧，老人们就会说的口头禅之 Top 1。有的时候，他们还会拿出"确凿"的证据，比如孩子已经高烧到四肢抽搐、眼神翻白，甚至口吐白沫，这不是烧坏脑子是什么？

　　其实这种状况的学名叫作"高

热惊厥"，常见于 40 度以上的高烧，是一种大脑短暂放电的过程。但并不仅限于高烧才会出现，只要体温达到 38 度以上，都有可能出现高热惊厥。这种短暂的惊厥发作会持续几秒钟到几分钟（如果超过 5 分钟，需要赶紧去医院），是一种良性无害的发作，不会烧坏孩子的大脑。我们只需要让孩子侧躺在较平的地方，移除周围的尖锐物品，保持孩子呼吸道通畅即可。

误区二：宝宝发烧会烧成肺炎吧？

如果说烧坏脑子是老人们担心后果的 Top1，那紧跟其后的就是对于"久烧不退会烧成肺炎"的担心，真的是这样吗？

暖妈要说的是，这种担心本身就是一种本末倒置。之前暖暖得过一次肺炎，所以我把跟肺炎相关的各种疾病知识都研究了一遍。肺炎是由细菌、病毒、支原体等病原体感染导致的，它的其中一个特点就是高烧不退。但最开始的时候，并不能通过化验确定是否是肺炎。所以很多老人以为，肺炎是由高烧不退造成的。其实并不是那样，如果确诊肺炎，那只能证明病原体感染一早就潜伏在体内，所以才不退烧。

误区三：宝宝发烧了，赶紧去医院？

虽说并不赞同，但其实暖妈也超级理解那些宝宝一发烧就着急忙慌抱着宝宝去医院的父母或者老人们。面对一个烧得滚烫、无精打采的小人儿，说还能淡定自若肯定不现实，那种手足无措的慌乱感我也感同身受。但从理性角度看，即使再着急，也应该选择对孩子真正有利的处理方式。

暖妈不建议一发烧就抱着孩子去医院，因为不管是什么疾病导致的发烧，在刚发烧的前期，不管是抽血化验，还是临床查体，都并不一定能找到致病的原因和解决方案，顶多是给点退烧的方案让回家观察。另外，医院人多，特别容易交叉感染，得不偿失。

但是，如果有以下情况，还是建议立即去医院：

1. 不满 3 个月的宝宝体温超过 38 度，需立即去医院。

2. 3 个月至 2 岁的孩子发烧超过 24 小时，2 岁以上的孩子发烧超过 72 小时，请带孩子去医院。

3. 发烧的同时有头痛、脖子硬、抽搐、喉咙痛、耳朵疼、身上出皮疹或瘀斑、反复呕吐、腹泻等症状，也应该去医院。

4. 如果高烧不退同时出疹，有可能是风疹、麻疹甚至川崎病，请立即去医院。

误区四：能不吃药就不吃药，所以退烧药也别吃？

跟上面那种妈妈截然相反的另一种情况是，还有一种妈妈因为接受了一些科学思想的教育，认定了"是药三分毒"、"发烧是一种自我排毒"、"生病就是免疫力提升"，所以坚信应该回归自然，应该依靠孩子自身的免疫力去抵抗疾病，吃药就会损害孩子的健康。无论体温多高，都让孩子扛，坚决不吃退烧药。这些妈妈可能要面对的是：孩子一晚不退烧，高热让孩子极度不适，烦躁哭闹，没有充足的休息，这不利于机体的免疫应答。

暖妈想说，任何一个事物都有两面性。退烧药和抗生素一样，不是洪水猛兽，而是 20 世纪人类最伟大的发明之一。我们不提倡滥用，但真正需要它们的时候，一定要把钢用到刀刃上！

误区五：都吃过退烧药了，怎么又烧了？

前几天，一个妈妈在微信里私信问我："暖妈，我的孩子发烧了，我按你文章里的建议，给她吃了泰诺林，但是没用啊！没几个小时她又烧起来了！怎么会这样？"

如果我没记错的话，我在我的每一篇跟发烧相关的文章里都有提到：在使用同一种退烧药的时候，最短间隔不能低于 6 ~ 8 小时，交替使用两种不同成分退烧药的时候，最短间隔不能低于 4 ~ 6 小时，退烧药的药理是通过抑制神经中枢中用来传递疼痛感的酶来达到退烧的目的，但并不作用于患处本身，所以这两种退烧药，一般也只能坚持不到 10 个小时。因为病原体感染仍然存在，所以退烧药效过后，体温依然会反弹，这个也是非常正常的。

一、宝宝发烧了，到底怎么办

解释了上面的几大误区，现在暖妈来说说到底怎样才是护理发烧宝宝的正确方式。

在我之前写的关于幼儿急疹、感冒、轮状病毒等宝宝常见病的心得文章里，其实都有针对退烧的处理，今天再系统地总结一遍：

先用电子温度计（可以选择普通的电子温度计，或者质量过关的耳温枪、额温枪，千万不要使用水银温度计！）测量孩子的口腔、直肠或者腋下。如果口腔温度超过 37.5 度，直肠温度高于 38 度，耳温超过 38 度或者腋下超过 37.2 度，即可认为是发烧了。

38.5 度以下采用物理办法可以让宝宝更加舒适。脱掉大部分衣服；用温水擦拭额头以及颈部、腋下、腹股沟等大动脉走行的位置；洗个水温 35 度左右的温水澡等（目前也有最新的科学研究表明物理降温对退烧无效，但暖妈觉得如果能通过这些方式让宝宝获得更舒适的体感，还是值得尝试的。如果宝宝拒绝，就不要勉强）。千万不要通过捂汗的方式让宝宝退烧！虽然有妈妈说自家宝宝就是通过捂出了一身汗才退烧的，但捂汗的过程会导致升温快或降温不理想，且极易引发高热惊厥！

38.5 度以上应使用单一成分的退烧药进行药物退烧（38.5 度是我国的标准，美国儿科学院的推荐标准是 39 度以上）。一般推荐强生旗下的美林和泰诺林，间隔 6～8 小时以上服用。如果使用一种退烧药不能实现很好的退烧效果，或者很快反弹的话，4 小时后可再交替使用另一种退烧药。

其他注意事项：宝宝发烧的过程中，可以吹风、可以洗澡、可以外出（但不要去人群密集地）、可以看电视，也可以吃东西，但最重要的是，一定要多喝水！因为发烧时，宝宝体内的代谢旺盛，会消耗大量水分，导致体内水分减少。而退烧药特别是布洛芬，需要体内大量水分的参与，如体内水分不足，也会造成体温不降或降温缓慢，甚至容易出现脱水等危及生命的状况。

二、退烧药的选择和推荐

前面提到了，退烧药是 20 世纪人类最伟大的发明之一。市面上的退烧药有数百种，但对于 6 岁以下儿童来说，只推荐两种单一成分的退烧药。这两种成分，就是前面提到的布洛芬和对乙酰氨基酚（又称扑热息痛）。

1. 布洛芬

这不是某一种品牌的药，而是一种单纯的退烧成分。所有有宝宝家庭的必备，高烧 38.5 度以上再给。一般比较推荐的是两种：一种是口服的，我推荐强生旗下的美林；另一种是德国流行起来的屁屁栓，专门针对对口服药抗拒的宝宝，或者因为宝宝熟睡不便于叫醒喂药。

2. 对乙酰氨基酚

跟布洛芬一样，也是一种退烧的药物成分。比较推荐的也是两种：一种是口服的，我推荐强生旗下的泰诺林；另一种是德国的屁屁栓。

至于在面对宝宝发烧时，这两种药到底应该怎么选择？首先要看宝宝的年龄，如果是 1 岁以下的宝宝，首先推荐对乙酰氨基酚，因为布洛芬对于 6 个月以下的宝宝是不推荐使用的。即使 1 岁以下，仍然建议先遵医嘱。而 3 个月以下的宝宝不推荐擅自使用退烧药，如果发生发烧状况，建议去医院请医生诊断。

对 1 岁以上的宝宝而言，布洛芬和对乙酰氨基酚都是可以选择的退烧药，但两者又各有侧重：

1. 布洛芬除了退烧止痛还可以消炎，退烧效果和速度要好于对乙酰氨基酚。

2. 对乙酰氨基酚类不能消炎，见效慢，但可以用于更低年龄段的宝宝，副作用少。

　　所以，暖妈的建议是，可以先使用对乙酰氨基酚，如果烧退不下来，可以在 6 小时以后使用布洛芬。单一退烧药的使用间隔不少于 6 ~ 8 小时，交替使用时间隔至少不少于 4 小时。

暖妈说

　　至于其他人推荐的偏方里的那些生吃萝卜退烧、用羚羊角刮痧退烧，甚至认为高热惊厥是鬼上身而推荐去装神弄鬼拜大仙的方法，就随他们去吧！咱们都是接受了科学育儿理念的现代高素质爸妈，真正重要的是，要多学习靠谱的现代医学理念，事先弄明白了发烧的各种原因和应对方法，真正面临的时候才能心中不慌，沉稳淡定。

男女宝宝各不同的私处护理，
千万别做错了

这两天，身边有个朋友家的 2 岁左右的男宝宝因为腹股沟斜疝动了手术。去医院看望他们的时候，朋友哭着跟我说，哪里能想到，这么小的宝宝，私处护理竟然也这么重要！

回想起最近，我也陆续收到过一些读者妈妈们关于宝宝私处护理问题的咨询，真是由衷感叹，对于关系宝宝身体健康和成长发育的"私事"，竟然还有那么多家长护理不当！

今天，暖妈要为大家科普一下宝宝私处护理的相关知识。这个问题平时可能很多人都羞于启齿，但千万别小看了它们，一旦做错，极有可能后悔一辈子啊！

一、女宝篇

清洁准备

1.专用盆和毛巾。给女宝清洗外阴的盆和毛巾一定要专用，除了毛巾外，脱脂棉、棉签或柔软纱布也是不错的选择。

2.放温的白开水。最高不要超过 40℃，不要一半热水一半自来水。

清洁方法

第1步：大便后，用宝宝专用湿巾从前往后擦，不要来回擦。暖妈还有一个关于废物利用的好建议，就是用大人护肤品中常见的喷雾瓶，洗干净后加入温水，从前往后冲洗宝宝私处，方便又环保。

第2步：再拿一块宝宝专用湿巾（或专用湿毛巾），慢慢地将小阴唇周围的脏东西擦掉。最好小便后也要擦一擦，避免尿液残留刺激皮肤。可以将湿巾（毛巾）叠成细长条，然后在小阴唇的沟里滑动擦拭。也可以用婴幼儿专用棉签，蘸水轻轻地擦拭。

第3步：大腿根部的夹缝里也很容易沾有污垢，妈妈可以用一只手将夹缝拨开，然后用另一只手轻轻擦拭。

第4步：等小屁股完全晾干后涂上护臀霜，再穿上干净的尿布或纸尿裤。

注意事项

1.及时更换尿布或纸尿裤。干净、清爽、透气的环境是女宝宝阴部最理想的环境。要选择透气性好且安全卫生的尿布或纸尿裤，且及时更换。尤其是热天，最好是孩子排泄一次就换一次尿布或纸尿裤，不要心疼那一点尿布或尿不湿的钱。

2.除清水外不要乱用东西。切记不要使用肥皂或大人的妇科洗剂等为女婴清洗外阴；也不要扑爽身粉、痱子粉之类的东西，如果外阴出了痱子也是以清水冲洗加多通风透气为主要护理方式。

3.尽早穿满裆裤和内裤。暖妈见过快2岁的女宝还光屁股穿着开裆裤，心想这父母的心是有多大呀，就算不考虑宝宝的隐私，也得考虑孩子私处的卫生啊。暖妈的建议是女宝不穿纸尿裤的时候一定要穿满裆裤，等到基本不用穿纸尿裤的时候就可以穿透气、宽松、舒适的棉质小内裤了，因为外裤不如内衣的生产标准高，会有 pH 值、甲醛含量、有毒芳香胺等，不利于贴身穿着。

女宝妈妈一定要知道的私处健康问题

1. 白色分泌物：

有家长问暖妈：刚出生 19 天的女婴，发现私处有白色的东西藏在缝隙里，用不用清理？清理的话怕弄疼她，不清理的话会有什么问题吗？

其实不必担心，女宝私处分泌的透明或白色的物质，跟大人的阴道黏液不一样。这是因为妈妈怀孕时体内的雌激素通过胎盘进入胎儿体内，宝宝出生后，体内留存的妈妈的激素可刺激阴道产生一定的分泌物，是正常现象。

这些分泌物不仅对婴儿无害，其中的化学物质还具有杀菌、抑菌的作用，可保护局部黏膜免受污染和感染。如果刻意擦拭，不仅会增加局部感染的机会，还可能因清理不当造成局部黏膜损伤，引起小阴唇粘连现象。

因此，家长平时用温水冲洗清理阴道，将表面的附着物和细菌洗掉就可以了。随着女宝体内妈妈的雌激素逐渐消退，分泌物会逐渐减少，并最终消失。

除了黏性分泌物，女婴阴道还可能排出血性分泌物，同样也是正常的。

2. 阴唇粘连：

在 3 个月 ~ 6 岁的女童中，大约 1/4 ~ 1/3 会存在阴唇粘连，绝大多数粘连范围较小，不会引起家长和医生的注意。粘连通常由炎症或刺激引起，所以如上一条中所说的，不要过度清洁外阴，以免导致炎症出现。

如果发现小阴唇粘连，爸爸妈妈要注意排尿时孩子是否有哭闹（阴唇粘连造成排尿口狭窄），排尿后是否还有尿液继续滴出（阴唇粘连造成局部形成小兜，存留尿液），是否出现了泌尿道感染等。只有出现排尿费力或尿路感染时，才需使用含雌激素的药膏治疗。若无上述情况，不需做手术分离，7 ~ 8 岁时阴唇可自行分开。

3. 外阴部阴道炎：

这是由于大便等沾到外阴部的皮肤或阴道的黏膜上，葡萄球菌或大肠杆菌大量繁殖而引起的炎症。症状是外生殖器会出现红肿疼痛，此时孩子经常有些异常的举动，比如好像外阴部很痒的样子，或者小便时会哭等。随着炎症的恶化，孩子的外阴部还会流出黄色的脓液，发出异味。

如果外阴部只是有一点红肿，在换尿布或洗澡时给她洗干净，通常会自愈。如果出现了分泌物或很不舒服，需要在医生的指导下使用一些带有抗生素的软膏或内服药。

4. 尿布疹：

又名红屁屁，是大小便分解后所出现的氨伤害到臀部肌肤后所产生的特有现象，属于常见的皮肤炎症，多发于夏季闷湿的季节。主要发生在1岁内（尤其是7～9个月大）的孩子身上，体重偏低、早产、人工喂养、拉肚子、添加辅食不久等情况下的宝宝更易患尿布疹。

爸爸妈妈每次给孩子换纸尿裤的时候要注意观察，如果在肛门、臀瓣、两腿外侧看到血管充血、皮肤红红的现象，别慌着给孩子抹各种药膏，只要掌握四字真经——"保持干爽"就基本可以应对。每次排便后，用温水冲洗宝宝臀部，然后用吹风机吹干，不要使用毛巾或湿巾等擦拭已破溃的臀部皮肤；白天多让宝宝屁股暴露于太阳下，也可局部烤灯，用光照、灯烤等方法来保持局部干爽；破溃处无渗水且干爽后，才可用护臀膏。

尿布疹是一种可以预防、早期可以通过护理痊愈的病，但若家长疏忽，情况会变得严重，会有液体流出，而且慢慢变多，过一阵子表皮掉落，皮肤表面会出现溃疡，可能还有红色点状现象。如果还没有被重视，病情就会发展到严重的阶段。此时疹子的范围会增大，两腿的里侧、腹部也都有可能，而且溃疡情况会加重，甚至会得褥疮。此外，受损部位容易被感染，细菌甚至有可能从此部位进入血液中，引发败血症。因此，爸爸妈妈们一定要用心，注重日常的护理和观察。

5. 皮肤念珠菌病：

念珠菌属于霉菌的一种。皮肤念珠菌病就是感染了念珠菌，一直扩散到皮肤的夹缝或缝隙中导致皮肤出现炎症。感染念珠菌后皮肤会变红，起很多小疙瘩，并且还会脱皮，甚至红肿腐烂伴有小的水泡或脓包。

如果只是变红，没有肿胀，则只要保持发红处皮肤的清洁，通常也会自愈。但如果红肿得厉害，就要在医生的指导下涂抹抗真菌的软膏，通常1～2周差不多能好。

但是如果误以为是尿布疹，涂抹了类固醇药物，症状还会进一步恶化。所以爸爸妈妈们不要随意给宝宝用药，而是先要让医生确诊。

二、男宝篇

清洁准备

1.专用盆和毛巾。给男宝清洗外阴的盆和毛巾也一定要专用，除了毛巾外，脱脂棉、棉签或柔软纱布也是不错的选择。

2.放温的白开水。最高不要超过 40℃，不要一半热水一半自来水。

清洁方法

第1步：宝宝大便后，首先要用宝宝专用湿巾擦掉肛门周围明显的脏东西。

第2步：再拿一块宝宝专用湿巾或湿毛巾，一只手把阴茎扶直，另一只手轻轻擦拭根部和里面容易藏污纳垢的地方，注意不要太用力。

第3步：阴囊表皮的皱褶里也是很容易积聚污垢的，妈妈可以用手指轻轻地将皱褶展开后擦拭。再有就是阴囊下边，也是一个"隐蔽"之所，包括腹股沟的附近，也都是尿液和汗液常会积留的地方。除了擦拭，还可以用温开水冲洗，然后用干净毛巾擦干。

第4步：等小屁股完全晾干后涂上护臀霜，再穿上干净的尿布或纸尿裤。

（话说无论男宝、女宝，清洗私处感觉都好麻烦，但是爸爸妈妈们不要头疼，不过短短一两年，稍微大一点的孩子就可以欢快地洗淋浴了。）

注意事项

1. 控制水温。男宝洗屁股或洗澡时的水温要控制在40℃以下，这不仅仅是要保护宝宝的皮肤不受热水烫伤，也是保护阴囊不受烫伤。因为受热会导致阴囊壁的平滑肌呈反射性舒张，自我保护地瘫软散热；而如果遇冷，阴囊就会缩成一团，保护必要的体温。所以，洗澡时一定要控制好水温。

2. 保持舒适。穿戴纸尿裤的时候，注意把小JJ向下压，使之伏贴在阴囊上。这样做，一是为了不让宝宝朝上尿弄湿衣服，另外也可以帮助宝宝的阴茎保持自然下垂的舒适状态。

3. 注意卫生。男宝的私处也要细心呵护。无论是从卫生角度还是从性心理发育角度，最晚1岁半就不要再让孩子光屁股穿开裆裤了。等基本不穿纸尿裤的时候，也要给孩子穿小内裤。如果孩子触摸自己的小JJ，没有必要制止，但是要注意他的手部卫生，避免其用脏手去摸。

男宝妈妈一定要知道的私处健康问题

1. 包茎：

男宝出生后头三年，包皮会黏附于龟头上，加上包皮口过紧，所以出现"包茎"现象。因为之间没有缝隙，细菌也不会进入。有些爱干净的妈妈会给小宝宝撸包皮或翻包皮清洗，其实这样做会造成包皮与龟头之间出现缝隙，反而容易导致细菌进入造成感染。经常上翻包皮还易因刺激而造成局部损伤，引起局部肿胀。

约2～3岁时，男宝包皮口开始放松且逐渐与龟头分离形成缝隙。此时有可能细菌会进入缝隙出现包皮下感染，出现阴茎头红肿、疼痛，还可能会有脓排出，需要局部消炎或清洗，但是不用担心会对未来的生理功能产生影响。

不论是强行分离还是自然分离，细心的妈妈都会发现龟头上附着白色黏性物——包皮垢，这种东西为脂溶性，所以用浸满橄榄油的棉签先涂抹于包皮垢上，几分钟后轻轻擦拭去除就 OK 了，不会引起不适感。

包皮与龟头分离后，包皮会自然上翻，基本上男宝 10 岁之前就能分开。分开后再进行常规的上翻包皮清洗也就容易了。有的妈妈问我：宝宝包茎用不用做手术分离？别急，等到 5 ～ 6 岁以后再来评估孩子是否包茎，只有真正的包茎才需要做手术。

2. 腹股沟斜疝：

因为我家是女宝，所以对这个词本来很陌生。但是前不久，两个朋友家的男宝都因为这个病症做了手术，据医生说这种是男宝的常见病，所以暖妈也强调各位男宝家长应对此给予重视。

腹股沟斜疝是因小肠通过肌肉薄弱的腹股沟管进入阴囊所致，多于 1 岁内自愈，也有些会持续存在。

宝宝哭闹、蹦跳等会诱发此症，若安静时鼓包能自行减小、消失，对小肠损伤不大，可等待择期手术。

一旦哭闹不止，鼓包不能退回，持续易出现嵌顿，会因腹股沟管限制血流，引起小肠缺血、水肿、坏死，需专业人员复位，甚至急诊手术修复。

没有嵌顿者，也要在 3 岁左右进行腹股沟修补手术。

平时，爸爸妈妈在给男宝洗澡、换纸尿裤的时候，要有意识的观察其阴囊的大小有没有突然变化，若阴囊大小出现突然变化，就要考虑是腹股沟斜疝（还有一种可能是交通性鞘膜积液）。

3. 交通性鞘膜积液和非交通性鞘膜积液：

很多男宝出生后都会有一侧有阴囊积水，个别会是两侧阴囊积水，用手电贴在肿胀的阴囊上透照，若透亮度强而且可见均匀的液体，应为鞘膜积液。交通性鞘膜积液一般是先天性的，有些患儿能自行吸收，不能吸收的和非交通性的，就要治疗。

爸爸妈妈要注意观察孩子哭闹时阴囊肿胀是否增大，如无明显增大，基本上可断定为非交通性鞘膜积液。

随着婴儿生长，交通性鞘膜积液内的液体会逐渐被吸收，1岁左右全部消失。等待自然吸收即可，没必要特别护理和特别治疗。交通性意味着与腹腔相通。家长不好判断，须请医生诊断。

4.隐睾：

隐睾在男宝中并不少见，由于宝宝的睾丸大概会从出生前8周开始下降进入阴囊，所以，隐睾在早产儿中更常见。在足月出生的男宝宝中，大约有1/30会出现隐睾症状。

由于隐睾的宝宝有一侧或两侧睾丸未下降进入阴囊，所以他的阴囊会比正常的小一些，还可能看起来不对称。宝宝出生后，医务人员会对他的生殖器做一次彻底的检查，以确认两侧睾丸都进入了阴囊或至少进入了阴囊上方的管道。如果不是这样，而且宝宝的睾丸在出生后3个月内都没有进入阴囊，那么就是隐睾，应该去看小儿泌尿外科医生。

所幸的是，大约2/3出现隐睾的宝宝都可以在1岁之内自愈。如果宝宝到了1岁两侧睾丸还是没有下降，就需要在2岁之前接受治疗。

暖妈说

宝宝的私事，却是家长不能掉以轻心的大事。除了要增强日常护理意识，学会正确的护理方法，还要掌握一些常见病症的判断方法，以便在健康问题出现之时就能及时治疗解决。

宝宝这些"吓人"的异常，
其实不是病

很多妈妈，特别是新手妈妈，对这种经历一定不陌生：总是在有意无意间，发现孩子身上某处似乎有点异样，心生疑虑，然后，越想越觉得不对劲。

一开始，还强作淡定，把焦虑和担心藏在心里，然后明知网上信息不一定专业可靠，还是默默地打开网页，一遍遍地搜索类似症状、相关词条。结果越看越担心，因为带着焦虑这个放大镜去看，往往看到的都是最差的情况。

接下来，内心挣扎，一面安慰自己，不会的，不可能；一面却开始恐惧，怎么会这样，该怎么办啊。最后，当坏的假想占了上风的那一刻，便不顾一切地抱着孩子跑到医院求医。

然而，很多时候，你排队挂号等待就诊，心急火燎地闹了大半天，医生就两句话："这是孩子生长中的正常现象，没事，你可以走了。"

但你还是不放心，缠着反复询问，直到医生有些不耐烦，打发走人。你这才高兴地领了骂，谢过医生，抱孩子回家。

哈哈，这个时候，被医生烦和骂都心甘啊，因为孩子一切正常就是最重要的。

其实，在宝宝发育过程中，看似异常却属正常的现象还有不少呢，暖妈来跟大家一起梳理下这些常见的"异常"情况。

全身脱皮是皮肤病？我只是长得有点快

出生没几天的小宝宝，脸上、手臂、大腿，甚至前胸后背，都开始有白色皮屑往下掉落。有的孩子不太明显，但有的孩子却大片大片地脱皮，看得新手父母心惊肉跳。

对于成人来说，这样大面积的脱皮一定是得了严重的皮肤病。但新生儿脱皮却是常见的生理现象，是每个孩子成长的必经过程。因为宝宝在妈妈肚子里时，浸泡在羊水中，皮肤表面有胎脂覆盖。出生后，胎脂慢慢退去，皮肤暴露在干燥的空气中，逐渐出现表皮脱落的现象。同时，新生儿新陈代谢很快，新生皮肤的更替也会造成脱皮。

新生儿脱皮，一般半个月到一个月就会好，只要宝宝吃睡正常，家长无需担心，只要保持皮肤清洁即可，无需特别护理，当然也别强行把脱皮撕下，顺其自然就好。

孩子尿血啦？！我只是没吃够

"天啦，宝宝的尿怎么是红色的！难道是尿血啦？！"新手爸妈第一眼看到有点淡淡泛红的尿不湿，一定是崩溃的。因为孩子刚出生没两天，如果真是尿血，那该是多严重的问题啊。

着急上火之前，你得弄清楚一个新生儿生理现象——红色尿。这个现象多发生在新生儿出生后 2 ~ 5 天，由于小便较少，加上白细胞分解较多，尿液中尿酸盐排泄增加，从而呈现出红色，还可能稍有混浊。这不是血尿，也不是泌尿系统出了问题，而是宝宝在提醒你，喂养的奶量不足，只要加强喂养就能解决问题。

此时，可加大哺乳量或再喂少量温开水，一般 3 ~ 5 天红色尿自然就会消失。但如果超过 10 天仍存在此情况，则属异常，需及时就医。

"黄金宝宝"是肝炎吗？你给的胡萝卜太多啦

一段时间内，你突然发现宝宝的皮肤变黄了，特别是手心、脚掌金黄金黄的，而且身体其他部位也开始变黄。常识告诉你，除了新生儿黄疸会变黄外，就是肝炎会有这样的体征了。

宝宝变黄真的是肝炎吗？这时，你需要观察下宝宝的眼睛，如果白眼球也发黄，就需要及时就医；但如果白眼球并不黄，那你就该查查孩子的食谱，是不是胡萝卜、南瓜、橙子，这些黄色食物添加过多。如果经常甚至每天给孩子喂这类食物，其中的色素在皮肤下沉积，就会造成宝宝皮肤发黄。

这类"小黄人"一般在暂停黄色食物摄入一段时间后，就可自然"变白"，家长无需特别担心，或额外给孩子吃药。

肚子圆鼓鼓是肥胖？我还没练腹肌呢

"你个小胖墩，怎么跟爸爸一样有啤酒肚了，是不是该减肥啦?！"看着宝宝圆鼓鼓的小肚子，调侃归调侃，不过这可不是吃太多，或是肥胖造成的。

你仔细观察一下就会发现，头大肚子圆几乎是所有宝宝共同的特点，而且无论饥饱，宝宝的肚子都是腆着的。特别是比较瘦的宝宝，圆鼓鼓的肚子会更明显，配上纤细的四肢，看起来像只小青蛙。这其实和宝宝腹部肌肉发育不足有关，一般到三四岁，宝宝腹肌得到锻炼慢慢强壮起来后，腆着的小肚子也就逐渐消失了。所以别因为小肚腩，就忙着给宝宝控制饮食，这跟成人的大肚子还真不一样。

需要提醒的是，如果宝宝的肚子与同龄人相比，显得过分得大，或许就是某些腹部疾病的信号，建议家长带宝宝到医院检查。

"O"形腿是缺钙吗？等我6岁，咱走着瞧

宝宝学走路，新一轮担心又开始了。只要一见孩子走路有点内八字、"O"形腿，很多爸妈就忍不住怀疑宝宝缺钙，或担心骨骼有问题。

其实，这是"钟摆现象"，是从婴儿时期、学步时期（0～2岁）的"O"形腿，到发展走路承重初期（2～4岁）的"X"形腿，再回到正常膝直状态（6～7岁）的一个发育过程。其中出现的看似异常的"O"形腿和"X"形腿都是孩子成长的正常生理状态，无需担心，也不必给孩子滥用药物补钙。

家长们关注以上几个时间节点即可，如果超出时间范围的异常腿形，则需前往医院做专业检查。

斗鸡眼？别心急，我的视力会越来越好

"这孩子怎么有点斗鸡眼啊？两眼不对称，右眼比较靠中间，左眼还好。"不少家长在逗孩子玩时，突然发现孩子两只眼睛不在一个轴位上。结果，仔细观察发现一堆问题，比如孩子眼距近，看东西有斜视等。

其实，1岁以内的宝宝，眼球还未发育成熟，眼球比成人小，6个月婴儿眼球只有成人的2/3大，眼轴距离也短，且眼部肌肉调节不良，看近物时常有短暂性斜视，都属正常生理现象，但这些就容易给人造成宝宝是"斗鸡眼"的假象。

孩子出生后7年内，眼球发育最为迅速，一切都会慢慢归于正常。同时，视力发展也有一个"异常"表现，初生婴儿多为远视眼，9个月视力约0.1，1岁达到0.2，3岁达到0.6，4岁前后视力达到1.0，到12岁左右才能完全稳定。

耳后长了小肿瘤？那是我的淋巴结

给孩子洗脸洗头，无意间摸到宝宝耳后、脖子和后脑勺有一些豆子大小的疙瘩，硬硬的，是否有点惊恐？对于身体上的异常包块，人们往往都会想到不好的结果。

然而，在这些部位摸到小肿块其实蛮正常，特别是学龄前的宝宝。颈部、后脑和耳后的小疙瘩多是淋巴结，小如黄豆，大似花生，活动度良好，没有明显压痛，如果你在触摸时宝宝没有特别抵触，这就属正常生理现象，不必过于担心。另外，宝宝腋下、腹股沟等处也有类似疙瘩。家长只需注意观察淋巴结有无明显变大，如出现红肿、触痛、活动性变差，则需及时就医。

1岁以内婴儿由于脂肪较多，不易被发现。1岁以后，宝宝淋巴结多可被摸到，这时也进入淋巴快速发育期。7岁左右，淋巴结可分成小叶。青春期后，颈部淋巴结直径常可超过1厘米。而到成年后，淋巴结基本不再生长，甚至有些退化，才会触摸不明显。

我的一个儿医闺蜜曾说过，在门诊中怀抱健康婴儿却非要医生给看出点病来的"乌龙事"屡见不鲜。究其原因，无外乎两点：一是新手父母缺乏足够的育儿常识，二是关心则乱的爱之负担。

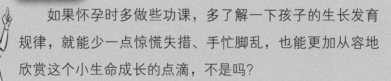

暖妈说

如果怀孕时多做些功课，多了解一下孩子的生长发育规律，就能少一点惊慌失措、手忙脚乱，也能更加从容地欣赏这个小生命成长的点滴，不是吗？

诺如病毒肆虐？
知道这些才能帮孩子打赢病毒战

前两天，暖暖回家告诉我，幼儿园有一个班的小朋友都停课了。

一个班停课，应该不是小问题了。心急的我，立即找到老师打听了原因。原来，正是最近肆虐全国的"诺如病毒"捣的鬼。

再上网一看，诺如造成的影响还挺大的。据报道，最近仅在北京一地，诺如就已经席卷了市内13所幼儿园、5所小学，轮番闹腾了一圈儿。和诺如亲密接触的孩子无一例外都被轻松放倒，上吐下泻、腹痛发热，好好的一个乖宝宝转眼就变成哭闹不止的磨人小妖精，这也给毫无防备的爸妈们一个结结实实的下马威。

所以，即使再忙，我们都有必要花两三分钟来补补课，认识一下这个罪魁祸首——诺如。知己知彼，才能有把握陪宝宝一起打赢这场病毒战。

诺如病毒（音译自英语 Norovirus，NV），又称诺罗病毒、诺瓦克病毒或脓融病毒。

其实，诺如并不神秘，简单说来，它就是一种常见的急性肠胃炎病毒，潜伏期很短，多在 24 ~ 48 小时，最短 12 小时，最长 72 小时。

如果你发现近期孩子或其他家人突然出现发烧、恶心、腹泻、呕吐等症状，孩子表现为呕吐次数多，成人则 24 小时内腹泻可达 4 ~ 8 次，粪便为稀水便或水样便，那么基本就可以判断是诺如病毒了。

诺如病毒引起的呕吐、腹泻属于自限性疾病，没有特效药，熬过特定病程，自然就好了。

暖妈写过一篇关于轮状病毒的文章，猛一看，诺如是不是很像轮状病毒？但它们还是有很多不同点的。

从爆发时间上看，两者一前一后接踵而来。轮状病毒是秋季腹泻的元凶；诺如病毒则紧随其后，在冬季高发，每年11月至次年4月都是它的活跃期。

从症状上看，轮状病毒偏重腹泻；而诺如病毒则多导致呕吐，所以也叫"冬季呕吐病"。

从人群上看，轮状病毒感染多见于婴幼儿；诺如病毒则偏爱大龄儿童和成人。

从病程上看，轮状病毒感染往往反复7天甚至更多，诺如病毒则平均3～5天就可痊愈。

好吧，一个秋季腹泻，一个冬季呕吐，这对病毒姐妹花，还真是写着都觉得心累啊。

更易感染，无法免疫

虽然病程比轮状病毒来得短，但暖妈却觉得诺如更可怕一丢丢。

因为诺如是个大家庭，一群亲兄弟姐妹，但每个都长得不一样，而且还经常基因变异，隔不了几年他们又变样了，所以别说特效药，就连疫苗都没有，而现在预防轮状病毒至少还有疫苗可以打吧。

也就是因为这个多样性，也就别指望一旦感染、终生免疫的好事了，原因很简单，你这次感染的是诺如病毒"哥哥"，免疫系统把"哥哥"记住了，但下次来的是"弟弟"，你只能继续中招。

诺如还极具感染力，几十个病毒颗粒就能让你生病。这么说大家可能还没有概念，那我告诉你，一个诺如感染病人随随便便打个喷嚏就能喷出千万个病毒颗粒。可见，诺如家族的效率是有多高。

前期很猛，但见好就收

不仅如此，诺如还是个急性子，一来就很猛。

诺如的潜伏期很短，感染后48小时内保证你的身体就会有强烈反应，先是恶心、呕吐，再来就是腹痛、腹泻。严重的时候，剧烈呕吐可能让人无法进食，随之还伴有一天8次以上的水样便。除了这两大症状外，还可能出现发热、头痛、咳嗽、寒颤、肌痛等症状。哪哪儿都不舒服，反正就是让你的防线全面崩塌。

估计好多妈妈，面对孩子拉肚子还比较淡定，但看到孩子喷射性呕吐、翻肠倒胃，就会止不住地心发慌，觉得孩子受大苦了。虽然拉肚子也会很难受，但下意识地还是更担心呕吐。

不过，诺如来势迅猛，去得也快，是个见好就收的主。只要护理得当，症状通常在1～3天就能好转，一周内便可以恢复生龙活虎的样子。

抗生素，no! 禁食，no!

这里不得不重点说说护理问题，和所有自限性疾病一样，诺如病毒引发的急性肠胃炎也没有特效药，不用特别吃药，更不用吃抗生素！要知道，你给孩子吃下去的抗生素杀不了诺如病毒，反倒杀死了肠道内的有益菌群，只会加重腹泻症状。这个帮凶，你当是不当？

还有一件坑娃的事，家长也得特别注意。诺如带来的呕吐症状更重，有些爸妈会产生"多吃多吐，不吃不吐"的想法，觉得孩子不吐就会舒服些。殊不知，又吐又拉的情况下，最大的威胁是脱水和营养不足。孩子先要保证身体正常水分和能量代谢，才能和诺如对抗，所以千万别乱给孩子禁食。

严重呕吐可暂时禁食4～6小时，但其间也必须充分补水，然后尽快恢复进食，可由少到多、由稀到稠地喂食一些易消化的食物。

补水依然是王道

所有腹泻护理中，补水都是王道！诺如病毒感染也不例外。

这里暖妈又要不厌其烦地提醒大家了，需要补充的是有严格配比的口服补液盐，而不是白开水、果汁或其他饮料。因为身体大量失水后，要补充的不是单纯的水分，而是固定配比的钾钠氯等电解质元素，以保证体液的渗透压，维持正常水分含量。

在其他的文章中就推荐过的，暖暖很喜欢的德国 Oralpadon 水果味口服补液盐，这里也再次推荐下。水果味的补液比较容易让宝宝接受，省去了不少灌药的麻烦。

判断脱水的方法也要再次送上：如果 6 小时没有尿，哭时少泪或无泪就已属于轻度脱水；如果眼窝凹陷，皮肤弹性下降，则是中度脱水；如果孩子完全无法正常饮水，不要犹豫，立即送医院。

充足补水后，要做的就是让孩子好好休息。再来就是对症治疗即可，如果发烧就退烧，德国流行起来的屁屁栓、泰诺林、美林都可以；如果腹痛或肠绞痛，适度按摩、飞机抱都可以；如果红屁屁了，勤换尿不湿，保持臀部清洁干爽，必要时氧化锌乳膏是可以用的。关键是减轻孩子的症状，让他舒服些。

诺如，我们不要再见面了

诺如无法免疫，没有特效药，但我们惹不起，总躲得起吧。

先来看看它是如何流行起来的：呕吐物、排泄物、飞沫、被污染的食物和水，以及病人本身都是传播介质，而且封闭空间中传播最快。

所以在诺如高发期，避免去人多拥挤的场所、避免和别人共用餐具、不喝生水、生熟食物分开避免交叉污染、勤洗手，都是预防的好方法，这虽然看似简单。

如果家中已有人感染了诺如病毒，则需要隔离护理。病人呕吐或腹泻后，需要用含氯的消毒液，如"84"消毒液，及时对被污染的家具、地板和衣服进行消毒。可以先洒上消毒液，再用纸巾、抹布等覆盖30分钟，再行清理。这时候，医用酒精无效。当然，负责清理者应戴上橡胶或一次性手套，清洗后认真洗手。

另外，诺如病毒在发病期传染性最强，在症状完全消失后，还可以潜伏一段时间，最长可达2周，所以在你或孩子刚刚康复的头几天传染性也很强。这段时间，最好管住脚继续在家休息两天，对自己负责，也对他人负责。

说了这么多，其实，我最想说的只有一句，诺如，我们不要再见面啦。

别捂热了，
感冒根本就不是冻出来的

天气冷了，感冒的宝宝越来越多，每天咨询暖妈该给感冒的宝宝吃点什么感冒药、怎么捂热的妈妈也越来越多。没办法挨个回复，暖妈就在本文中把如何应对宝宝感冒的心得总结一下吧！

感冒，真的是冻出来的吗？

一、感冒是什么？宝宝为什么会感冒？

感冒这个说法，其实是我们的俗语，它有一个医学上的名词叫"急性上呼吸道感染"，指由各种病原体引起的上呼吸道急性感染，是婴幼儿最常见的疾病。一般多数症状部位在鼻、鼻咽和咽部。如果宝宝有同时发生鼻塞、流鼻涕、喉咙痛、咳嗽、打喷嚏、发热等，一般都是感冒。

虽然引起感冒的病原体多种多样，但90%的感冒都是由病毒感染引起的。传统观念中，我们总以为感冒是冻出来的，其实是不确切的。

很多妈妈会问："暖妈，但我家宝宝的感冒的确是因为着凉受寒引起的啊，不是病毒感染呢！"的确，部分感冒的宝宝在生病之前有过着凉的经历，但另一方面我们又在电视上看到"虎妈虎爸"们在下雪天训练孩子单衣跑步也没有感冒。其实受冻着凉并不是感冒的成因，而是因为气温骤然下降或升高，导致宝宝抵御致病微生物的能力（也就是免疫力）降低。而本身就存在于自然界的众多感冒病毒就乘机侵入宝宝的机体，引起呼吸道病毒感染。

所以，别再一味地给感冒的宝宝捂热了。因为除了受凉，过热也是引起抵抗力减弱，导致感冒的重要原因。过于捂热，还极易导致捂热综合征。

二、宝宝感冒了，需要吃药吗？

美国儿科学会的建议是，不要给 6 岁以下的孩子服用复方感冒药。原因也很容易理解，90% 的感冒都是由病毒感染引起的，而病毒本来就无药可医，是一种自限性的疾病，即使什么都不做，随着病毒生命周期的结束，感冒同样会在 7 ~ 14 天左右痊愈。目前市面上绝大部分的复方感冒药，其实并不针对治疗感冒本身，而是主要用于缓解感冒的伴随症状，如流涕、发烧、鼻塞等。其中对乙酰氨基酚是退烧药成分，金刚烷胺是抗病毒药物（1 岁以下禁用），氯苯那敏、苯海拉明、扑尔敏则主要用于缓解各种过敏。

对于 6 岁以下的儿童而言，本身就可能对孩子使用退烧药等药物，再使用复方感冒药，很容易导致在某些成分上的药物过量，引起非常严重的副作用。

作为一个妈妈，暖妈超级理解那些新手爸妈、爷爷奶奶们在面对一个被感冒折磨得可怜巴巴的宝宝时，总希望能够"做点什么"，来缓解心中那种手足无措的慌乱感。好像宝宝都病了，不带着它跑医院打针、输液、吃药、推拿，就不是一个合格的家长。如果谁还敢说"什么都不用做，扛着就行"，那简直更会成为全家人的公敌。

暖妈想说的是，虽然我也理解这种不做点什么就总觉得没尽责的愧疚，但错误的做法非但不会让宝宝好转，反而会加重宝宝的病情。

三、如何应对宝宝的感冒？

曾经有一个段子，说这世界上最没用的十六个字就是："多喝热水、试试重启、不行就分、喜欢就买。"但在宝宝感冒的这个事情上，多喝热水，真的是最重要的原则。我们的免疫系统在跟病毒斗争的过程中，需要大量水分参与，所以多喝水，真的是"猴子搬来的救兵"呢！

虽说感冒不能被任何药物"治愈"，但也并不意味着我们什么都不能做。如果看宝宝那么难受，真的想做点什么，暖妈建议可以在缓解各种感冒的症状上面下点功夫：

鼻塞：鼻塞有两种情况，一种是鼻涕太多堵塞了鼻腔，另一种则是鼻腔黏膜充血导致的。一般 2 岁以上能擤鼻涕的宝宝，第二种情况更多见。这里不建议过度使用吸鼻器，因为过度使用吸鼻器有可能会加重鼻腔黏膜的充血状态。正确的做法是用生理盐水滴鼻液滴入鼻腔予以缓解。

发烧：发烧是神经中枢对机体的应激反应，所以发烧并不一定是坏事。38.5 度以下注意物理散热即可，38.5 度以上建议使用单一成分的退烧药。布洛芬和对乙酰氨基酚都是适合孩子的退烧药成分。如果确定某种成分可以退烧，不建议交叉使用退烧药。两次用药的间隔不少于 6 ~ 8 小时。

咳嗽：虽然国际公认氨溴索是止咳化痰最有效的办法，但对于宝宝而言，也可以采用更安全的做法。暖暖前两个月因支气管肺炎而严重咳嗽时，我们采用了将生理盐水雾化的方式，直接增加呼吸道的湿度，既让宝宝体感更加舒适，也能缓解咳嗽的症状。

暖妈说

每个孩子的成长历程中，哪能没点生病的经历？宝宝生病，对大人们是心理承受力和生理疲倦力的双重考验，但对孩子来说，也许是免疫力提升的过程。这个冬天，别再被心中那点"不做什么就愧疚"的情绪打倒，认真学习，积极成长，每一次生病的经历，都让我们离成为无坚不摧的强大妈妈更进一步。

持续高热！
回忆那些与幼儿急疹斗争的日子

经过整整一周的折腾，到周末为止，暖暖身上密密麻麻的疹子全部消退了。暖暖又恢复了往日的活泼。真佩服自己从前面的高热期到出疹期能一直保持相对淡定的心态，坚持物理退烧和按需服用退烧药，而不是着急忙慌去医院。现在回想起来，那段时间还是挺难熬的。

周五是暖暖满 6 个月的日子，带她去和睦家打了五合一、肺炎和乙肝三针疫苗。回家后的夜里有点低烧到 38 度，我和暖爸处乱不惊地给她进行了物理降温。周六中午体温恢复正常。周日下午，午觉醒来，感觉暖暖有点疲倦，我把她抱在怀里哄她的时候突然发现她额头有点烫。摸出耳温计一量，居然 39.2 度！我当时有点懵，回过神来赶紧把她脱得只剩个纸尿裤，用温水给她擦洗。稍微降温，整个下午体温基本控制在 38.4 度左右，没有吃药。

晚上，体温再次升高到 39 度，手脚冰凉。困得不行的小朋友开始抵触让她没法入睡的温敷。给她吃了一次美林，又大半夜把暖爸派出去买了退烧贴。吃完退烧药半小时左右，温度慢慢下去了，恢复到 37.6 度左右，让暖暖贴着退烧贴安睡了一晚。

第二天上午，服药 6 小时后，暖暖耳温再次升高到 38.6 度。给她洗了个 35 度水温的温水澡，穿着最有助于散热的衣服，坚持温水擦拭额头、脖子、腋下和腹股沟。发烧的暖暖有点无精打采，很黏人，非要抱着，一放下就哭。除此之外没有其他症状。我和暖爸开始分析发烧的原因。因为是第一次发高烧，而且持续时间长，温度回升快，我倾向于是幼儿急疹。但因为两天前刚打了疫苗，所以也不排除是疫苗的反应。晚上吃泰诺林一次，烧退，睡觉。

第三天，烧还没退，反而更高了。暖爸有点不淡定了，说要不去医院看看吧，我没同意。暖暖除了发烧之外没有明显的消化道和呼吸道疾病表现，所以即使去了医院，医生也只能开药让回家继续观察。最多扎一针抽血验白细胞，看是否有器官发炎。单纯的发烧只要控制降温，不引起高热惊厥一般不会有什么大问题。如果真是幼儿急疹，那么第四天肯定烧退疹出。去医院更容易交叉感染，去医院的路上车马劳顿也对暖暖的休息不利。继续退烧贴 + 温敷 + 洗澡，睡前吃美林一次。

第四天早上醒来，第一件事就是摸摸小床上的暖暖，高兴地发现离上次吃药已经 9 小时了，但暖暖依然不热。耳温计一量，36.8 度！我恨不得第一时间通知所有人暖暖退烧了！下午下班回家，暖暖姥姥告诉我暖暖身上出了一身密密麻麻的红疹。我那个高兴啊，果然是传说中的幼儿急疹！得过一次之后就拿到了免疫金牌。

出疹期不需要任何特殊护理，三天之后，红疹全部消退，我白净、漂亮、活泼、可爱的暖暖又回来啦！

通过暖暖这次生病，我算是系统地把跟发烧、幼儿急疹、高热惊厥的知识都学习了一遍。现在，我就总结下跟幼儿急疹相关的内容吧！让所有还没遇到过的妈咪在真正面对时能处乱不惊。

一、什么是幼儿急疹

幼儿急疹（又叫玫瑰疹）是婴幼儿常见的急性发热出疹性疾病，其特点为婴幼儿在没有任何症状的前提下突发高热，并持续 3 ~ 4 天。之后体温突然下降恢复正常，同时前胸、后背、脸、脖子等部位出现密集的红色丘疹，是一种为小儿常见的病毒感染性疾病。绝大多数 6 个月至 2 岁的宝宝都会感染，更多见于 6 个月 ~ 1 周岁。少数宝宝 2 岁之内未得过，基本就不会再得了。由于是病毒感染而非细菌感染，故服用抗生素无效。

二、如何判断宝宝是否是幼儿急疹

最终确诊为幼儿急疹的方式永远是马后炮，只有在 3 ~ 4 天烧退疹出后，才能完全确认为幼儿急疹。目前尚无医学方法在高热期就确诊是否是幼儿急疹。所以幼儿急疹是给新手父母们的第一道难题，考验的是父母的知识、心态和承受能力。一般 6 个月至 2 岁的宝宝在无前期征兆的前提下突发高烧，体温可达 39 度以上甚至 40 度，服用退烧药后几小时继续反弹，并且没有明显的消化道和呼吸道异常，一般可首先考虑是否是幼儿急疹。

三、幼儿急疹如何护理

幼儿急疹是由病毒引起的疾病，不是细菌感染，抗生素是没有任何效果的，此间全靠宝宝自身的免疫系统的不断完善来获得最终胜利，所以幼儿急疹不需特别护理。但因为幼儿急疹伴有高热，所以幼儿急疹期间最重要的就是给宝宝降温，以获得舒服的体感和避免高热惊厥。38.5 度以下采用物理降温的办法。脱掉大部分衣服；用温水（注意：不要用酒精！）擦拭额头以及颈部、腋下、腹股沟等大动脉走行的位置；洗个水温 35 度左右的温水澡；贴退烧贴、多喝水或前奶都是不错的物理退烧办法。38.5 度以上可使用退烧药；一般推荐强生旗下的美林和泰诺林，间隔 6 ~ 8 小时以上服用。如果使用一种退烧药不能实现很好的退烧效果，或者很快反弹的话，4 小时时可再交替使用另一种退烧药（即这次服用了美林，至少间隔 4 小时再服用泰诺林）。单纯的发热对身体没有任何影响，不会像很多老人说的会烧成肺炎（肺炎是由潜伏的肺炎球菌引起的，高烧只是肺炎球菌潜伏期的一个表现，而非原因），更不会烧坏脑子（有可能对大脑存在损伤的是高热惊厥，此时大脑会短暂放电，有导致损伤的可能，但也并不绝对）。

到了出疹期也就意味着幼儿急疹的确诊和高热结束，此时全身可见密集的红色丘疹，不需要任何的处理，可以吃辅食，也可以洗澡。

四、护理幼儿急疹的常备药

幼儿急疹最重要的护理是退烧，同样，在常备药的选择中，也主要是以退烧为目的。

1. 布洛芬

这不是某一种品牌的药，而是一种单纯的退烧成分。所有有宝宝家庭的必备，38.5 度以上再给。一般比较推荐的是两种，一种是口服的，我推荐强生旗下的美林，另一种是德国流行起来的屁屁栓，专门针对对口服药抗拒的宝宝，或者因为宝宝熟睡不便于叫醒喂药。建议高烧到 38.5 度以上时再给。

2. 对乙酰氨基酚

这个跟布洛芬一样，也是一种退烧的药物成分。比较推荐的也是两种，一种是口服的，我推荐强生旗下的泰诺林，另一种是德国的屁屁栓。最近爆出这两种退烧成分各自都有副作用。我想说的是，是药三分毒，但在高烧不退的宝宝面前，还是要权衡利弊的。先使用对乙酰氨基酚，如果烧退不下来，可以在 6 小时以后使用布洛芬（布洛芬退烧更快，但相对副作用稍大）。单一退烧药的使用间隔不少于 6 ~ 8 小时，交替使用时间隔至少不少于 4 小时。

五、其他注意事项

幼儿急疹虽不是什么大病，但在过程中，还是有很多注意事项。

1. 发烧过程中千万不要捂汗。过去有发烧捂汗的习惯，以为出汗能带走热量。其实不然，反倒是穿多捂汗不利于热量散发，有可能引起高热惊厥。

2. 物理降温的过程中最好使用温水，不要使用酒精。酒精的挥发虽然散热快，但也会通过皮肤渗透吸收，容易引起中毒。

3. 影视作品里对降温的表现都是额头顶着一个湿毛巾，这实际上是不对的。物理降温更重要的部位是脖子、腋窝、腹股沟等大动脉走行的部位。

4. 如果发烧 4 天还未退烧，请立即去医院。

5. 一定记住！幼儿急疹是烧退后疹才出。如果高烧不退同时出疹，有可能是风疹、麻疹甚至川崎病，请立即去医院！

宝宝老爱生病?
你真的帮他打造好免疫力了吗?

　　最近,妈妈们跟我分享、讨论母乳喂养的特别多,除了分享母乳路上的酸甜苦辣、喜怒哀乐外,还有一些关于母乳喂养的疑问和困惑。

　　比如妈妈小爱说,因为坚信母乳喂养能增强孩子免疫力,她在家人的反对声中坚持母乳喂养了 19 个月,但孩子 1 岁之后还是时不时感冒、发烧生点小病。婆婆一说就是:"你不说母乳喂养的孩子不生病吗?怎么孩子还是老生病,也没见他免疫力强到哪儿去啊?"搞得小爱总是自责是不是自己的身体不好,才没能给孩子更好的母乳营养。

　　其实,不止小爱,很多母乳妈妈都遇到过类似的困境:孩子不吃饭了怪母乳,孩子睡觉不踏实了怪母乳,孩子体重增长慢了怪母乳,孩子生病了还怪母乳。新手妈妈本来就容易焦虑,喂奶喂得快要累疯掉的时候还被花样指责,心情可想而知,低落、自责、纠结、反思……简直要开始怀疑人生!

　　我想说,母乳妈妈们,不用怀疑,你们绝对是好样的!母乳中确实含有大量免疫物质,能帮助孩子抵抗病毒入侵,可以说是孩子人生的第一道免疫屏障。然而,不是母乳喂养的孩子就一定不生病,也不是生病的孩子就一定免疫力弱,因为免疫力是个更大、更复杂的命题。生病赖母乳,这锅母乳可不背!

少生病≠免疫力强

简单来说，你可以把免疫力理解为人体免疫系统抵抗病毒和细菌入侵的能力。如果用军队来形容孩子体内的免疫系统，那么病毒和细菌是入侵者，而身体就是战场。

其实，孩子体内的免疫之战一刻都没有停息过，因为我们生活的这个世界不是无菌的，孩子每时每刻都会与各种病毒、细菌正面遭遇。

绝大多数时候，我们察觉不到这些战争。因为这些时候护卫孩子的军队占据了绝对优势，悄无声息就把入侵者干掉了，速战速决。而有的时候，军队遇到了强劲的敌人，或是军队自身力量不够强大，战争会转向拉锯战、持久战，孩子就会出现打喷嚏、流鼻涕、咳嗽、发烧等症状。这时，我们才会知道：哦，孩子生病了。

为什么我会用军队来形容免疫系统？因为他们有一个非常重要的共同点，那就是他们都得靠不断实战、不断打赢攻坚战，才会越来越强大。

每一次生病，孩子的免疫系统战胜病菌后就会记录下来，当同类病菌再度入侵时，免疫系统杀敌就会轻车熟路。所以，孩子生一些小病，并不是坏事，反而是免疫力不断增强的过程。

而判断一个孩子免疫力强弱，也不能单看生不生病或生病次数的多少。有的孩子很久不生病，但一病就病很久，萎靡不振，有的孩子相对生病次数多一点，但每次都很快恢复，生龙活虎，你说是谁的免疫力强？

谁破坏了孩子的免疫力

或许你会问，既然免疫之战是孩子体内看不见的战争，那我们完全没有插手的机会啊。

其实不然。孩子的免疫力分为两种，一方面是先天性免疫，这是孩子与生俱来的，包括皮肤、眼泪、鼻涕、咳嗽等机械防御机制，胃酸、肠液等生化防御机制，还有妈妈抗体传递和母乳喂养而得来的防御机制。

另一方面是后天获得性免疫，这就是孩子成长过程中感染病菌、预防接种，通过先天免疫机制与病菌战斗而获取的免疫力。

所以，无论先天还是后天，孩子免疫系统的建立和完善，妈妈还有其他家人都是参与其中的。我们的一些理念和做法，包括喂养方式、生活习惯、对待疾病的态度，甚至教育观念，都在不经意之中会对孩子免疫力的形成造成影响。

比如放弃母乳喂养，孩子就无法获得母乳中所含的免疫物质，在先天免疫上就弱了一截。

比如过度清洁，每天无数次洗手，或每天都用沐浴液给孩子搓洗，殊不知破坏了皮肤这道天然屏障，病菌反而更容易入侵。

比如过度保护，怕孩子冻着冬天不让外出，怕孩子弄脏不让玩泥沙，怕孩子受伤不让攀爬跑跳。保护得太好，的确可能暂时少生病，但免疫力却没得到提升。温室里长大的花朵，又怎能经得起风雨呢？

增强孩子免疫力，我们能做什么

宝宝生病，对大人是心理和生理承受力的双重考验，但每个孩子在成长历程中，哪能没点生病的经历？家人心疼孩子可以理解，但互相指责、甚至归罪于妈妈没带好、妈妈的母乳不好等，就有点添乱、添堵了。

有争论指责的功夫，不如用到帮助孩子增强免疫力上，有很多事情等着你去做呢。

1. 坚持母乳喂养和亲密抚触

这里又提到了母乳喂养，原因我就不再赘述。身为母乳喂了两年的过来人，我只想给母乳妈妈们打打气，相信你们的坚持，虽然这个好你可能无法给旁人说清道明，但孩子一定知道！

抚触，很多妈妈都知道它可以增强孩子安全感，促进身体发育。其实，抚触也有助于提高免疫力，因为抚触能改善宝宝的血液循环、减少哭闹、改善睡眠。人体是个很奇妙的构造，安全感足、吃睡好、情绪佳，一切都在正向发展的时候，免疫力自然就会棒棒的。

2. 睡得香，动得好

免疫力是随着孩子不断生长发育而完善的，充足的睡眠则是生长发育的保障。在睡眠过程中，骨髓和淋巴这两大重要免疫机制会同时发挥功用，因此，给孩子建立一个良好的睡眠习惯非常重要。

运动则能增加孩子免疫细胞的活动。有研究显示，让孩子每天保持半小时的户外运动，血液中的含氧量会增加，免疫细胞的数量也会增加。

3. 均衡饮食，避免过度喂养

营养不良会造成免疫力下降，这点想必妈妈们都知道。所以，均衡饮食，肉、蛋、蔬菜、水果品种尽可能多样地摄入，才会给免疫系统的正常运转提供充足的能量支持。

但孩子的消化系统尚未发育健全，均衡营养的同时，也要避免过度喂养，加重肠胃负担，造成消化功能紊乱，这样会得不偿失。

4. 建立卫生习惯，也别过于干净

老话说"病从口入"，但老话也说"不干不净，吃了没病"。这两种说法其实都对，给孩子建立良好的卫生习惯可以降低病菌感染和入侵的机会，但同时，咱们也不要过分强调干净、抗菌。

一些有洁癖的妈妈隔三差五就用消毒液清洁家里各个角落和孩子的用品、玩具，结果发现孩子更容易生病了。为什么？因为孩子完全没机会通过感染产生抗体，只要一接触病菌就容易中招。

5. 做好预防接种，杜绝抗生素滥用

对于预防接种，我听过最赞的一种解释是，疫苗是被砍掉手脚、降低战斗力的病毒，把它接种到孩子体内，孩子的免疫系统能更轻松地战胜并记住这种病毒，所以一定要给孩子按时接种疫苗。

预防接种是事前防御，而抗生素治疗是事后补救，是在孩子的免疫系统确实败下阵来时用到的干预方法。不过我不建议孩子一生病就用抗生素，其实很多常见病，不用吃药打针也能够痊愈。

而用抗生素虽然看起来见效快一点，但在杀灭坏细菌的同时也会杀灭有益菌，孩子免疫系统不但没有得到提升，反而被削弱了，甚至可以说，孩子这场病白生了。

暖妈说

谁都希望自己的孩子健健康康、免疫力满格、一辈子不生病，但有些病是对孩子有好处的，我们根本不用怕。正是在一场一场小病的磨砺中，我们的宝宝才能逐渐成长为免疫力强大的小战士！

三岁孩子竟然 100 度近视，
如何帮孩子保护视力

前几天睡前刷朋友圈，看到好友思思的一条动态："3 岁的大眼仔，居然有 100 度的近视，天啊，哭！"后面是一串流泪大哭的表情。

大眼仔是思思的儿子，因为一双忽闪忽闪的大眼睛而得此外号，是朋友圈里有名的萌娃。思思一向以儿子的"电眼"为傲，这是怎么了？我赶紧发信息过去问。

原来，前几天思思带儿子逛街，顺手指着广告牌想测试下儿子的认字水平。没想到，儿子揉了半天眼睛，还是把"天"看成了"大"。再一联想到，儿子老爱眯着眼看电视，画画时脸快凑到小书桌上了——糟了，多半是视力下降了！回家用视力表简单一测，结果不容乐观，大概近视了100 度。

思思向我哭诉："怎么办？我不想让儿子变成呆呆的'四眼仔'啊！"

在建议思思带大眼仔去专业眼科再进行一次检查的同时，暖妈也不禁想到：现在的孩子，几乎天天都跟 iPad、手机、电视为伍，稚嫩的眼睛经受着高强度的考验。一旦视力下降，不仅影响孩子的学习效率，而且会影响孩子的自信心，严重近视甚至会产生视网膜萎缩变形等并发症。

我的一个高中老友提起自己当年的理想是成为一名翱翔蓝天的飞行员，然而却因为视力检查不合格被拒之门外，对他来说，这是一生都无法实现的梦想。而再看看高考的招生专业上，有50多个专业有明确的视力限制，这对近视的孩子来说，无异于关闭了许多扇梦想的大门。

所以，"保护视力、预防近视"这个话题，确实需要好好注意了。

真假近视，处理方法各不同

很多爸妈刚发现自家孩子视力下降，就着急地带孩子去眼镜店配眼镜。其实，生长发育期的孩子视力下降很有可能是用眼过度、长时间看近物所导致的假性近视，而且患上假性近视的几率还很高。

所以，暖妈建议最好到专业的眼科进行视力检测，通过散瞳测试、排斥肌肉疲劳等因素，得出真实的视力水平。

假性近视是一个可逆的过程，眼轴距离没有拉长，是能够在医生指导下，通过适当措施进行恢复的。

堵不如疏，户外生活多起来

很多家长严格控制孩子使用手机、iPad等电子产品，主要原因就是怕孩子近视。但在过年某次聚餐上，有个好友的孩子当场质疑从不给自己看手机的妈妈："妈妈，这个哥哥说他经常在手机上看小猪佩奇，他也没有近视啊。"

其实，孩子的"狡辩"不无道理，暖妈分析过：这是一个信息化的时代……电子产品不是洪水猛兽，光靠堵无法阻挡它们终将进入我们生活方方面面的步伐。堵则溃，疏则通。把孩子跟电子产品完全隔离开来，不如给予合理的引导，设置合理的规矩，给孩子一个正确的玩手机、iPad的机会。

所以呢，一方面允许孩子合理使用

电子产品，不要让孩子对"得不到的手机"产生过度渴望；另一方面，我们应该把目光放得更加宽广一些，多带孩子出去参加户外运动是一个不错的选择。

英国的《自然》杂志曾经刊文称，影响视力发育的唯一因素是"户外活动时间"，虽然饱受争议，但也为孩子的视力保护提供了新的思路。

澳洲的研究机构对超过四千名孩子进行了视力跟踪监测，发现户外活动时间和孩子患近视的概率成反比。愿意长时间待在户外的孩子，视力水平明显好于宅男宅女们。长时间待在室内，会影响眼睛接受自然光照，原本正常释放的多巴胺减少，不利于视力发育。

除了每天固定的 40 分钟户外视物时间，我们也可以定期带着孩子去公园、植物园里放松心情，为孩子的眼睛增加点"绿意"。

合理饮食，垃圾食品需控制

某妈妈论坛上就有一位妈妈讲述过，她发现孩子的视力水平和饮食有千丝万缕的联系。比如两个同龄的小姑娘，一个超爱薯条、炸鸡、糖果，另外一个喜欢吃水果、蔬菜。两人除了在体型上有明显区别外，爱吃垃圾食品的小姑娘还出现了一些视力下降的症状。

食物影响视力的主要因素是维生素 B1，又名"抗神经炎因子"。

大量摄入糖分高的食物，如糖果、饮料等，需要大量的维生素 B1 帮

助消化，体内的 B1 被过度消耗，会影响眼部神经，眼睛容易感到疲惫。经常"揉眼睛"这个小动作，就是眼部疲劳、视力受损的信号。

而健康均衡的营养摄入，能够保证各项维生素和微量元素指标正常。爸爸妈妈会发现，喜欢吃垃圾食品的孩子在家里存在着挑食、偏食甚至厌食等症状，这是因为不健康饮食导致

体内缺乏维生素 B1，造成消化不良、食欲减弱的恶性循环。

除了维生素 B1，胡萝卜素、维生素 B2 等都可以保护孩子的视力健康。孩子的饮食中应经常出现果蔬蛋奶肉等各种食物，保证营养均衡，多摄入坚果、粗粮，并坚持少油、少盐的饮食习惯。

当然，健康的饮食不仅对孩子的视力有好处，对孩子的健康成长也如虎添翼。

避免视疲劳，良好用眼习惯要培养

除了基因这个最大因素之外，视疲劳对近视构成最直接的影响。而真正容易导致视疲劳的因素有三点：阅读时长、阅读距离和阅读光线。

所以，不管玩不玩手机等电子产品，都要帮孩子培养起良好的用眼习惯。比如保持房间合适的亮度，玩手机、iPad 时开启亮度自动调节功能，保持 30 厘米以上的安全阅读距离，以及根据孩子不同年龄设定合适的时间，定期休息。

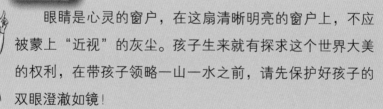

暖妈说

眼睛是心灵的窗户，在这扇清晰明亮的窗户上，不应被蒙上"近视"的灰尘。孩子生来就有探求这个世界大美的权利，在带孩子领略一山一水之前，请先保护好孩子的双眼澄澈如镜！

最严谨的宝宝家庭必备药品清单！
七大类儿童常用药物

宝宝生病，全家担心！如何让宝宝安全有效的用药，牵动着妈妈们最敏感的神经。早在一年前暖妈还没有公众号的时候，就经常有妈妈在微博的评论或私信里询问我常备药的问题。很早就写好了一篇暖暖的小药箱分享文章。但是药品毕竟不同于玩具，本着谨慎再谨慎的原则，我一直没有轻易地推荐。直到今天，在咨询并综合吸纳多位知名的儿科专家、医生、药师意见的前提下，我才总结了这篇最严谨的宝宝必备药品清单，分享给大家。

一、发烧类

发烧类的药品是有孩子的家庭首先必备的药品，前文已有说明，在此就不多说了。

不推荐：退热贴

在大多数妈妈的经验里，退热贴一般是物理降温的首选。但是最新的儿科医学表明，物理降温并不能有效地抑制发烧，反而有可能反弹至更高。加之退热贴有可能导致过敏等不适，所以暖妈不推荐大家使用退热贴。

二、腹泻类

宝宝腹泻最好先及时化验大便。一般腹泻分为细菌感染型、病毒感染型（如由轮状病毒引起）和功能型腹泻三种。除了第一种需要严格按疗程配合抗生素治疗外，后面两种最主要需要解决的问题是避免脱水和肠道菌群调理。

1. 口服补液盐

一般腹泻的时候，多补充白开水就好了。当宝宝进入中度脱水状况时，补充白开水反倒会使细胞失水更厉害。这个时候就需要补充口服补液盐。国内没有专门针对儿童口感的口服补液盐，都是咸不拉叽难以下咽，所以我给暖暖选择的是德国品牌 Oralpadon，有草莓和香蕉口味两种。

2. 益生菌

益生菌主要起到的作用是调节肠道菌群，一般需要持续 7 ~ 14 天才能见效，在腹泻和便秘的时候都可以使用。国内比较主流的是妈咪爱，但是妈咪爱里面的屎肠球菌已经被美国 FDA 禁止用于儿科用药。和睦家推荐的是纽曼思益生菌，一般海淘比较热门的是 Culturelle 品牌。这两种暖妈亲测都比较靠谱，纽曼思因为比后者多一种菌群，相对效果更好。

不推荐：强力止泻药（如：盐酸洛哌丁胺）

强力止泻药是通过抑制肠道蠕动来达到止泻的目的，而腹泻的过程同时也是排出细菌和病毒的过程。通过抑制排泄来止泻，反而会不好。

三、便秘类

便秘的出现主要是因为大便在肠道内停留时间过长，肠道吸收了大便的水分，使得大便变得干燥，排便费劲。（相比排便的间隔天数，大便的性状干硬、排便费劲才更是便秘的症状！）

1. 益生菌

益生菌对于便秘的作用主要是通过调节肠道菌群平衡来治疗便秘，通常需要 7 ~ 14 天才见效，属于治本不治标，但是却必不可少。

2. 乳果糖

与益生菌正好相反，乳果糖对于治本没有太大帮助，但是治标效果极佳。它是一种人工合成的双糖，在人体内不会被肠道吸收而可以保留在大便中，起到稀释软化大便，帮助排出的功能。

四、感冒咳嗽类

1. 沐舒坦

咳嗽多半是由于有痰液附着，所以治疗咳嗽最主要是化痰。沐舒坦的主要成分是氨溴索，通过这种成分来分解痰液，抑制咳嗽，可以选择口服糖浆和雾化治疗两种方式。

2. 生理盐水滴鼻液

主要功能是湿润鼻腔、稀释分泌物，以缓解宝宝感冒导致的鼻塞，无副作用，可用于新生儿。

不推荐：感冒药、抗生素

感冒绝大部分由病毒引起，7 ~ 14 天自愈。使用抗生素是没有效果的，反而会导致身体紊乱，抑制免疫系统和病毒的斗争。另外，目前市面上的大部分感冒药都是复方（即含有多种成分），不建议 4 岁以下儿童服用！

五、皮肤护理类

1. 低敏保湿霜

轻微的皮炎湿疹最重要的是要做好皮肤的保湿，所以家里常备适合儿童的低敏保湿霜是非常必要的，特别是在北方容易干燥的气候下。我一般推荐的是丝塔芙润肤霜和润肤露。

2. 肤乐霜

这是北京儿研所最有名的拳头产品，效果较好，也是我唯一推荐的一款以中医理念治疗皮肤常见病的药（除此之外，我不推荐给孩子口服中药）。我一般用在仅通过保湿霜已经不能控制病情的情况下，如较为严重的湿疹。

3. 炉甘石洗剂

炉甘石洗剂主要成分为炉甘石、氧化锌，是一种皮肤外用化学药制剂，具有收敛和保护皮肤的作用，适用于荨麻疹、痱子等急性瘙痒性皮肤病，也可用于蚊虫叮咬后的止痒。

六、外伤护理类

1. 碘伏

碘伏是目前最推荐的用于外伤型伤口消毒的产品，可直接用于创面。家里可以备瓶装的，出行的话有单支装的碘伏棉签，折断尾部后即可使用，很方便。

2. 创可贴

主要防止伤口再次沾到脏东西引起感染，妈妈们都知道，就不多说了。

不推荐：红药水、紫药水

虽然这两种药水在我们小时候普遍使用，但其实国际上早就已经严禁使用了。红药水里含有的红汞具有毒性，会被人体吸收；紫药水里面的龙胆紫杀菌效果差，还易造成色素残留。

七、其他类

1.耳温计

之所以推荐电子耳温计，是因为它比水银温度计更安全、更快速，基本上3秒钟就可以测到宝宝的体温，宝宝不至于反感。另外，水银温度计存在万一打碎后全家汞中毒的危险，加之一般人不具备水银清理和回收的能力，所以目前已经不推荐用于家庭医疗。

2.医用棉球、纱布等

这个很容易理解，做好密封和抗菌就行，也不需在此赘述了。

暖妈说

宝宝一旦生病，牵动着全家人的心，所以安全用药是每个家庭必须掌握的基本功课！以上的总结是暖妈在咨询参考多位儿科医生、专家以后给出的最严谨的推荐。但是不代表适合所有宝宝的所有情况，必要时请务必咨询专业的儿科医师！

第五篇　误区

这些错了几十年的育儿大坑，千万别再跳了

夏天再热也不要对孩子做的 6 件事，你中了几个

炎热的夏天，对皮肤和内脏都还十分娇弱的小孩子来说实在是一个考验。热痱、湿疹、腹泻、感冒、发烧、晒伤、中暑、虫咬等各类问题层出不穷，防不胜防。所以夏季简直是一个打怪升级的过程，特别考验家长们的知识储备和护理功力。

今天，暖妈就跟大家聊一聊那些夏天里家长们容易掉的坑。希望家长们能成功避开误区，为孩子保驾护航，安然度过这个夏天。

不要给孩子穿开裆裤

暖妈把穿开裆裤的弊端概述如下：

不卫生——把孩子最脆弱的地方暴露在外，容易引发外阴炎、尿路感染、急性膀胱炎及其他健康问题；

不安全——很容易因为外界物体的碰、撞、刺、夹、烫、擦及蚊虫叮咬等受到伤害；

不文明——不利于培养孩子良好的如厕习惯；

不尊重——影响孩子健康的心理意识及自我保护意识的形成。

穿开裆裤仅有的一个稍微凉快点的优势，也完全可以通过给孩子穿轻薄透气的棉质衣服、开空调、避开高温天出门等手段实现。因此，暖妈再次呼吁，为了下一代人的身心健康，请从我做起，不要再给孩子穿开裆裤了！

不要用尿布代替纸尿裤

这条主要是针对小宝宝的。纸尿裤的优点是在孩子尿湿以后，依旧保证干爽、透气。这是因为其内里的主要组成材质——木浆、高分子吸水树脂——都能在吸水状态下保持天然的空隙。好的纸尿裤反渗率极低，能够保持干爽和透气。

如果使用尿布，普通的布纤维无法阻止尿液的双向传导，就是说当达到一定的吸收量以后，尿液会从布料表层双向渗透，渗透到外侧就是漏尿，渗透到内侧就是反渗。

潮湿的皮肤非常脆弱，反渗的尿液就会让宝宝的私处皮肤一直潮湿（有些地方话叫作"淹了"、"捂了"），最终引起红皮肤和尿布疹。

不是任何场合、任何时间，家长都会立即留意到孩子尿湿了。所以，如果不想让孩子PP遭殃，请不要用传统尿布代替纸尿裤。

不要因为孩子多汗而乱补钙

很多家长（尤其是老人们）会因为孩子睡觉时头部、背部出汗而认为孩子体质虚弱，需要缺钙。（所以曾经有一段时间补钙的广告大行其道，好像中国的孩子都缺钙。）

其实，大部分孩子是生理性多汗。生理性多汗多见于头和颈部，一般都发生在上半夜刚入睡时，深睡后汗液便逐渐消退。只有伴随着低热、疲乏无力、食欲减退、面颊潮红等症状的出汗才需要重视和就医。

所以，发现孩子睡觉出汗，别急着乱补，先看看自己给孩子是不是穿盖多了，再把空调调整到合适温度。什么？奶奶不让开空调？这比凭经验猛补钙还狠啊！

不要因担心孩子着凉而不开空调

不给孩子开空调的家长的理论是：宝宝抵抗力相对成人来说比较弱，自身温度调节能力不好，受空调的冷空气侵袭容易生病。

但正因为如此，宝宝比成年人更不耐热，成年人可以承受的温度在宝宝感受中可能会难以忍受。合理的使用空调除了能降低房间里的温度和湿度，让人的体感更加舒适以外，还能减少痱子、过敏、湿疹、脱水、哮喘、儿童猝死综合征（SIDS）等疾病的发生。这也是为什么连美国儿科协会AAP也一直推荐父母应该在闷热的夏天里给宝宝使用空调的理由。

至于家长担心的"空调病"，只要正确使用空调完全可以避免。比如：宝宝从外面回家要等汗干了后再开空调；空调温度保持在26℃左右；避免空调出风口直吹孩子；连续使用空调两三个小时后开窗通风20分钟；保持合适的室内湿度；给孩子补充水分；清晨和黄昏室外气温较低时带宝宝到户外呼吸新鲜空气等。

不要用冷饮给孩子解暑降温

冰棍、冰激凌、冰镇饮料……这些冷饮的作用也许就在吃下去的那一刻，口腔温度下降起到了一定的解暑降温作用，但冷饮会使血管遇冷收缩，反而在一定程度上降低了人体的散热速度。冷饮中往往含有大量糖分，不仅不能解渴，反而可能越吃越渴。百合粥、西瓜水、绿豆汤才是合适的解暑食物，但不要放在冰箱冷冻后给孩子吃。

对脾胃还很弱的孩子来说，过多食用冷饮会影响消化，引发腹痛、腹泻、肠痉挛、厌食、营养缺乏等疾病。妈妈们不要把冷饮作为消暑零食给孩子常吃，如果一定要吃，要控制时机和数量，注意：饭前或饭后不吃；激烈运动后或大汗淋漓时不吃；品牌和质量不好的不吃。

不要忽视给孩子防晒

夏天紫外线强烈，小孩子的皮肤娇嫩，耐受能力差，而且黑色素生成较少，色素层较薄，所以很容易被紫外线灼伤。而 3 岁以前晒伤一次，成年后皮肤癌发生的概率就要翻倍。别再说晒黑了看着皮实，也别说我们从小就没防晒也长大了，防晒问题马虎不得。

如果要带孩子外出，最好选择上午 10 点之前和下午 4 点之后的时间段。顶着太阳外出时，要用宝宝专用的物理防晒产品，不要给孩子使用大人的防晒霜以免引起皮肤过敏。最好再给宝宝戴上宽边浅色遮阳帽，穿上轻薄的防晒服，使用遮阳伞。

暖妈说

这些都是夏季里非常常见的问题，其实也往往是两代人育儿观念冲突的集中体现。暖妈觉得，冲突不可怕，只要有方法。不能因为难而放弃努力。只有通过一代又一代人的努力，才能让孩子们在更健康、更科学的环境中快乐成长。

夏天到了，宝宝多剃头，
既凉快，头发又能长得好？

夏天到了，又开始有妈妈来咨询："暖妈，最近太热了，打算给宝宝剃个光头凉快点，你觉得可以吗？"

关于宝宝剃头的问题，早就已经是老生常谈了。经常有妈妈问我："暖妈，给推荐个电动剃头器呗？我家妞头发不好，我想多给她剃光几次，争取长得黑点、粗点。"

每当微信收到这样的问题，我的心中总是涌起一万句话想解释的话，话到嘴边，却又不知道该从何劝起。

宝宝剃光头，真的会凉快？

很多人觉得，夏天太热了，看宝宝头发汗湿了就难受，不如索性剃个光头，既凉快又方便，可真的如此吗？

众所周知，我们的皮肤排汗是排出热量的主要途径，所以夏天留太长

的头发的确会觉得闷热，但矫枉过正，给宝宝剃光头却更不可取！

皮肤不但会排汗散热，也能吸收外界阳光的热量。如果宝宝是光头，则皮肤吸收的热量反而会增加，皮肤排出的汗水也会迅速流失掉，因而起不到通过汗液蒸发散热的作用，而且宝宝的头部很容易被强光晒成日光性皮炎。

更严重的是，宝宝一旦剃成光头，就等于失去了遮阳挡物的天然安全屏障，意外伤害、蚊虫叮咬，各种细菌在头皮上的感染机会大大增加。如果细菌侵入孩子头发根部，还会破坏头发毛囊，严重时会影响未来头发的生长。

宝宝剃光头，头发能变好？

说到这个话题，不如先来看看暖暖的例子吧！

暖暖从小就是半个小光头。1岁以前，经常因为没什么头发，而被小区的大叔大妈们误以为是男孩。带着暖暖出门的时候，我被无数次劝过："妹子，听大妈的，你给她用剃头推子剃光了，多刮几次头发就又黑又粗了。"

最后的结果，当然是我没有听从那些好心大妈们的劝告。每年的二月二龙抬头那天，我也只是遵从传统的习俗，用理发刀给她剪短了头发。

当然，现在暖暖3岁了，无数人警告过的"不剃胎毛以后不长头发"的预言没有实现。基本上从1岁多以后，暖暖的头发也跟那些剃了无数次头的小姑娘们一样了。

所以，小宝宝根本就没有必要剃光头。因为头发、眉毛都是已经角化了的、没有生命活力的上皮细胞，剃与不剃对头发的生长没有任何促进作用。理发没问题，但千万不要刮光，因为刮光的过程中很有可能会造成毛囊受损。另外，孩子的头皮比较薄，刮光过程中对毛囊刺激不同，长出来的头发也容易有粗有细、有稀有疏。所以其实剪短一些就行，不要过于机械地去刮光。家长要放宽心，基本上 1 岁多还没什么头发的孩子，到了 3 岁左右也会长得比较旺盛了，因此不要过于紧张。

什么决定了宝宝的头发好不好？

看了上述的理论，很多老人家会说，你看谁家谁谁刮光了头，新长出来的头发就更加粗硬了。事实上，这是我们的错觉而已。头发的截面是一个圆柱体，剃过头皮之后新长出来的头发横截面会更加整齐，就让我们摸起来产生了一种更加粗硬的错觉。完全没必要为了这种错觉冒着让宝宝头皮和毛囊受伤的风险去剃头。

如果是否剃头不能决定宝宝的头发质量，那宝宝的头发好不好，到底由什么决定呢？

在回答这个问题之前，首先要将宝宝的头发分成两个阶段：胎毛和正常头发。宝宝的胎毛质量、多寡，最重要的影响因素是孕期的营养。这也是很多妈妈经验中的孕期多吃芝麻、核桃，宝宝一出生就能有一头乌黑头发的解释。而胎毛一般会在 1 岁以内自然脱落，所以 1 岁以后的头发，基本就是正常的头发了。正常头发的发质和数量绝大部分的影响因素来自遗传。一般如果爸爸妈妈都有一头乌黑亮丽的头发，那孩子的头发发质和发量十有八九也会相当好。

因此，1 岁以内的宝宝头发少，爸爸妈妈爷爷奶奶们不需要过分担心啦。

为了宝宝有好头发，我们还能做点啥？

宝宝能不能有一头乌黑亮丽的头发，虽然 90% 靠遗传，但并不意味着我们什么都不能做！为了让宝宝的头发得到改善，我们至少还可以从以下几个方面努力：

1. 勤洗头

宝宝的新陈代谢旺盛，头脂分泌多。如果不勤给宝宝洗头，头皮的汗液、油脂及污染物就容易阻塞毛囊，甚至引起感染，影响头发的发育。对于洗头的次数，暖妈建议6个月前最好每天给宝宝洗头，6个月后至少也要2~3天洗1次。选用纯正、温和、无刺激、容易起泡沫的婴儿洗发液。洗发时轻轻用手指肚按摩宝宝头皮，切不可用力揉搓。

2. 多梳头

这一点跟大人一样哦！经常给宝宝梳理头发能够刺激头皮，促进局部血液循环，有助于宝宝的头发生长。尽量给宝宝准备专用的梳子，可选用有弹性又较为柔软的橡胶梳子或者猪毛梳子。梳头发时，应顺着头发自然生长的方向梳理。

3. 营养全面

头发成分中97%都是蛋白质，如果宝宝偏食导致蛋白质不够，就会造成人体蛋白质严重缺乏，势必影响头发生长。除了蛋白质以外，微量元素的缺乏也会影响身体发育，所以饮食中要保证牛奶、瘦肉、鱼、蛋、虾、豆制品、水果和胡萝卜等各种食物的摄入与搭配。同时，多吃黑芝麻、核桃等干果也能促进宝宝头发的生长。

4. 注意防晒

过强的紫外线和其他污染一样，对头发有很强的伤害。在太阳底下曝晒，会导致宝宝的头发容易变干、变枯，甚至头皮被晒伤。所以，宝宝出门，一顶防晒又透气的遮阳帽是非常必要的。但需要注意的是，到了冬天，很多老人们喜欢随时都给宝宝戴着厚厚的帽子，这对头发也是不好的。因为头皮和头发都需要呼吸，如果每时每刻都戴着不透气的帽子，也对头发的生长不利哦！

暖妈说

　　再次恳请爷爷奶奶、爸爸妈妈们，放过宝宝们稚嫩的头皮吧！不要再动不动就把宝宝剃成个小光头了，既不好看，也对宝宝健康不利！要想宝宝有一头漂亮的头发，不如从以上的四个方面努力吧！

夏天给孩子穿开裆裤，
后果远比你想的严重

在夏季里，如果要给妈妈们问得最多的育儿问题排个序号，暖妈觉得"要不要穿开裆裤"和"要不要穿纸尿裤"应该可以一起排入前三名。而且有趣的是，这两个问题通常并不单一存在，往往还伴随着两代人育儿观的碰撞，隐含着纷繁复杂的家庭关系。

妈妈们纷纷吐槽：

"一说不应该穿开裆裤，老人就说你们小时候就是这么过来的。"

"看着孩子撅着屁股在那里玩，感觉特别不雅观，碍于老人的面子又不好说什么。"

"我说孩子光着屁股在外面玩太脏，老人却说我看着呢，不让他坐地上。实际上不坐地上也会在各种场合接触到细菌啊，简直无法沟通。"

……

你看，其实很多年轻的父母都对开裆裤的危害有所了解，只不过老人的传统观念又很难改变，所以，与其说这是一个问题，不如说这是一场家庭"战争"。"战争"中的一方是以爷爷奶奶或姥姥姥爷为代表

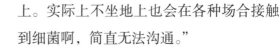

的传统派，另一方是以爸爸妈妈为代表的现代派。

现在，暖妈先根据老人们常见的想法逐一分析，为爸妈们赢得"战争"提供理论依据。

一、老人：穿开裆裤凉快　合理指数：★★

穿开裆裤表面上看确实减少了衣物覆盖，让皮肤暴露在空气中，好像是很凉快了。

但实际上，在气温接近或超过37℃时，皮肤不但散热功能减弱，反而会从外界环境中吸收热量，还很容易被紫外线灼伤，甚至患上皮肤炎症。因此，穿开裆裤凉快的说法只在一定环境中成立。而且这个凉快的优势完全可以通过给孩子穿轻薄透气的棉质衣服、开空调、避开高温天出门等手段实现。跟其弊端比起来，弊远远大于这一点利。

二、老人：穿开裆裤方便把尿和随地尿尿　合理指数：★★

宝宝在会坐、会爬之前，主要活动范围是在床上，这时候穿开裆裤还是挺方便给孩子把尿和换纸尿裤的。

一旦孩子活动范围扩大，能在地上坐和到处爬了，就不要给孩子光屁股穿开裆裤了。如果穿开裆裤，里面要穿纸尿裤，夏天怕纸尿裤捂屁股的话就穿轻薄透气的裤子吧，多备几条，尿湿了晚上一起丢到洗衣机里洗就行。

退一步讲，如果家里卫生环境比较好，孩子在室内光屁股也就算了。但是如果出门，就千万不要给孩子穿开裆裤了。话说那些出门让孩子穿开裆裤以便随地尿尿的家长，如果你去商场、游乐场、餐厅这些地方，你打算让孩子尿在哪里呢？如果孩子养成了随地大小便的习惯，以后再花大力气纠正吗？不如从小时候就开始教会孩子文明的细节吧，跟培养良好习惯和呵护孩子的身心健康比起来，穿纸尿裤和多洗几条裤子真的不算麻烦。

三、老人：裹着纸尿裤又闷又热，会造成孩子红屁股
合理指数：★

纸尿裤的优点是在孩子尿湿以后，依旧保证干爽、透气。这是因为其内里的主要组成材质——木浆、高分子吸水树脂——都能在吸水状态下保持天然的空隙。高吸水树脂是一种新型功能高分子材料，它具有吸收比自身重几百到几千倍水的高吸水功能，并且保水性能优良，一旦吸水膨胀成为水凝胶，即使加压也很难把水分离出来。即是说，不但吸水强，还防止反渗。

当然使用纸尿裤并不一定就能杜绝红屁股、尿布疹，但出现这些问题也不能全归罪于纸尿裤，家长不应该推卸自己的护理责任。选择使用纸尿裤是为了让孩子尿湿以后能够更舒服，即使家长未能及时发现也依旧保持透气状态，但也不能说孩子尿湿了三四个小时还不给更换，对吧？

宝宝每次大便之后，要用护肤湿巾擦干净或用水冲洗后用布擦干，最好再涂上护臀膏，起到为下一次便溺隔离的作用，然后稍微晾几分钟，把屁屁彻底晾干后再穿上纸尿裤。

所以，只要做到这三点：选择质量好的纸尿裤、便后及时更换、加强日常护理，就不怕红屁屁啦。

四、老人：我看着呢，不让孩子坐地上就没事了　合理
指数：★

首先，不是只有地面才脏，桌椅、玩具、家人的衣服、宝宝的手等也是病原体大量聚集的地方。我们不能保证24小时严加看管，不让宝宝的私处接触任何地方。而且穿开裆裤增加了宝宝用手摸生殖器的机会，这个行为容易把尿液、粪便污物、蛲虫虫卵等带入宝宝口中，导致手足口病、

秋季腹泻、蛲虫病等。

其次，私处部位的分泌物使得局部形成了一个湿润的、有利于细菌和病毒生长的环境，成为病原体的温床，容易引发外阴炎、尿路感染、急性膀胱炎及其他健康问题。特别是女宝宝，因为生理结构的原因，抗感染能力差，更容易"中招"。前不久暖妈还看到一个刚满周岁的女婴患上尖锐湿疣的新闻，经过排查，医生判断是因为孩子经常穿开裆裤，父母带她在外游玩的过程中感染的。

最后，除了不卫生外，开裆裤还不安全。摸爬滚打是婴幼儿的天性，暴露在外的私处很容易因为外界物体的碰、撞、刺、夹、烫、擦及蚊虫叮咬等受到伤害。

五、老人：什么不雅观，小孩子懂什么？什么不文明，谁会跟小孩子计较？　　合理指数：○

首先，孩子是小，或许还不会说话和表达想法，但是并非没有意识、没有人格，你把他（她）当成一个独立的、有尊严的人，他（她）才会潜移默化学会自尊自爱。

暖妈的一个朋友说：见过三四岁的男孩子，在人来人往的路上突然停下，脱下裤子旁若无人地哗啦啦开始尿；也见过一个五六岁的女孩子，在繁华的街头脱下内裤坦然自若地在路边解手，妈妈就在旁边等着。这些被我们公认为不雅观、不文明的行为，并不是孩子长大后才学会的，从小就没有人告诉过他们这些做法有何不妥，反而被默许、被鼓励，最终成为如影随形的习惯。如果家长不希望孩子长大后有这些坏习惯，不要指望他们以后无师自通，家长才是孩子最重要的启蒙老师。

其次，何时开始训练宝宝如厕？一般认为18个月左右比较合适，而且夏天是训练孩子如厕习惯的好时候，因为衣服少，方便穿脱，脏了也好清洗。如果你的宝宝年龄合适，不妨就从这个夏天开始，引导孩子自己穿脱裤子坐小马桶大小便吧。

最后，1岁半后的孩子已经进入性别意识关键期，可以开始引导宝宝认识自己的性器官，学会爱护自己，提醒孩子"背心和小裤裤覆盖的地方，不许别人摸"。穿开裆裤则无法帮助宝宝形成健康的性别意识和自我保护意识。

六、老人：你们小时候不都是这么过来的，那么讲究干什么　合理指数：★

不可否认，在那个年代少则两三个多则五六个孩子的情况下，老人用放养的方式也能把我们健康带大，也是很厉害的。

但是社会一直在进步、在发展，很多过去的老经验已经被证明不科学、不合理了。再加上中国人穿开裆裤的习惯无非是因为早些年物质条件限制，没有纸尿裤也用不起尿布，而且没有多余的裤子换洗，但是现在什么都有了，放着方便快捷又干净卫生的方式不用，难道跟孩子有仇吗？如果我们还一直抱着过去的老思想、老习惯养孩子，那下一代如何适应这个新时代的发展呢？

暖妈说

　　家是讲爱的地方，有些道理即使正确，也要用爱的方式表达才能奏效，对吧？

夏天不给孩子开空调？
你跟孩子多大仇啊？

天气说热就热，烈日当头的夏天又来啦，给不给孩子开空调成为了每个家庭继"夏天用不用尿不湿"、"宝宝穿不穿短衣裤"之后的第三大争论焦点。

很多妈妈说，宝宝年龄这么小，抵抗力低，连风扇都不能吹，怎么能吹空调呢？！如果宝宝受空调的冷气侵袭，不是更容易生病吗？

可事实，真的是我们所想的这样吗？

夏天要不要给宝宝开空调

问宝宝要不要开空调开始，不如先来问问我们自己。

试想，作为大人的我们身处热浪袭人的夏天，身上全是黏湿的汗水，供电局突然通知，今！晚！停！电！相信大家的第一个反应一定是："什么？！今天不能吹空调？！"然后注定了不舒服到一夜无眠。

有些人认为，宝宝不是成年人，抵抗力会相对比较弱，自身温度调节能力也比较弱。但正因为如此，宝宝比成年人更不耐热，成年人可以承受的温度在宝宝感受中可能会难以忍受。

很多妈妈都会发现，一入夏天，宝宝会变得烦躁不安，胃口变差，睡眠也不够安稳，小便减少变黄，甚至精神萎靡，体重减轻，发育停滞。这些都有可能是因温度升高，宝宝感到身体不适后折返出的表现。宝宝也许还不会说话或表达不够流畅，但是极力在用身体对高温提出抗议，而我们却以怕生病的名义坚持不给宝宝开空调，我们是跟宝宝有什么仇、什么怨？！

暖暖是夏天出生的，在那个酷暑难耐的 6 月，不管是暖妈生孩子的北京某外资私立医院，还是生完之后住的月子中心，医生都是建议开空调的。合理地使用空调除了能降低房间里的温度和湿度，让人的体感更加舒适以外，还能减少哮喘、过敏、儿童猝死综合征（SIDS）等疾病的发生。

这也是为什么连美国儿科协会 AAP 一直推荐父母应该在闷热的夏天里给宝宝使用空调的理由。如果在炎热夏天不使用空调，容易让宝宝长痱子、过敏、湿疹、引发哮喘，严重的会出现脱水、中暑甚至是猝死。所以在炎热的夏天，一定要给宝宝开空调！

怎样正确地给宝宝吹空调

至于很多人说的"空调病"，也并不是不存在，但这种空调病其实只是不正确使用空调导致的。事实上，只要正确使用空调完全可以避免"空调病"的发生。

今天，暖妈和大家分享在给宝宝使用空调的时候要避免哪些误区以及需要注意的事项，让宝宝避开"空调病"，舒舒服服、健健康康地过夏天！

误区一：宝宝从外面回家立马开空调

正确方法：

宝宝新陈代谢旺盛，活泼好动，出汗比成人多，所以在夏天的室外待一会，很容易满头满身都是汗。宝宝出汗之后进屋，不要立刻就打开空调，要先帮助宝宝散热，把宝宝身上的汗擦干净，待宝宝体温降到正常的时候，再打开空调。切勿让宝宝从多汗的状态立马进入低温状态，容易引起宝宝感冒。

误区二：将空调温度调低一些才会凉快

正确方法：

空调温度过高过低都容易让宝宝生病。温度过高，宝宝在密闭房间内会感到闷热不适；而温度调过低，宝宝长期待在这样的环境，免疫力自然会变弱，失去了对外界热量的抵抗能力。所以，一般空调温度在 26℃左右比较合适。另外，不要让宝宝对着空调出风口，宝宝的餐椅、爬行垫、婴儿床等物品也要避开出风口摆放。

误区三：外面太热了别开门，宝宝一直待在空调房就好

正确方法：

紧闭门窗长时间使用空调，容易导致室内空气不流通、缺氧、细菌增多等空气质量问题。所以在连续使用空调两三个小时后，最好能开窗通风一次，每次至少 20 分钟，更换居室内的空气，有效增加氧气含量稀释细菌浓度。暖妈建议可以在高温的中午、下午时段以及入睡时开启空调，每天清晨和黄昏，室外气温较低时，最好带宝宝到户外活动，呼吸呼吸新鲜空气，增强身体的适应能力。

误区四：空调屋不热，宝宝不需要过多补水

正确方法：

前面也提到了，空调除了降温之外，有很强的除湿作用，如果一整天待在空调房里，很容易口干舌燥，尿液减少变黄，甚至脱水导致生病。所以在空调房里要注意给宝宝补水，最好是温水。而且要随时观察宝宝的尿尿情况，如果 6 小时没有尿一次，说明已经进入了脱水情况，一定要增加补水！

误区五：只注意控制空调的温度，忘记调节空调房的湿度

正确方法：

很多妈妈都能注意温度的调控，但是忘记湿度同样可以影响宝宝的舒

适度。宝宝皮肤薄嫩，角质层少，皮肤保留水分的能力比大人弱。空调往往是除湿大师，所以空调房里的湿度都比较低，宝宝在空调房皮肤容易干燥。可以在室内摆放一些盛水的器皿或加湿器，增加空气湿度。同时注意给宝宝涂抹润肤露，保护宝宝的皮肤。

暖妈说

在夏天，为了给宝宝一个健康凉爽的环境，记得一定给宝宝开空调哦！当然也要避开以上的五个误区，让宝宝远离"空调病"，健康清凉一夏。要是连这么讲道理又耐心的科普都没法说服你，暖妈只想问一句：你跟孩子有多大仇啊？

手脚发凉？
夏天到底要不要给宝宝穿袜子

炎炎夏日来临，一篇关于《夏天再热也不能对宝宝做的 6 件事》的文章又在朋友圈刷屏了，其中一条很重要的说法就是夏天再热也不能脱掉宝宝的袜子。暖妈的育儿微信群里也充满了夏天到底要不要给宝宝穿袜子的讨论。

一、到底穿不穿袜子

为了给妈妈们一个有理有据的科学答复，暖妈查询了国内外大量的资料和文章。关于应该给宝宝穿袜子的说法，最主要的来源有两大类：一是中医理论中的"寒从脚起"。脚会直接接触冰冷的地面，凉气容易从脚心上传至体内，导致宫寒、寒性体质，甚至生病。二是认为小宝宝末梢循环差，容易手脚发凉，所以必须穿袜子保暖。那么，这两种说法，是不是真的有道理呢？我们来看看。

先说说"寒从脚起"。关于寒性、温性、热性体质，这是中医体系的说法。如果我们用科学的观点来解释，可以从达尔文的进化论说起。自从有哺乳动物以来的千百万年，脚的功能一直没有大的改变。除了用来行走、支撑，还有一个很重要的功能：散热。人体与环境的热传递，很多是通过出汗来实现的。而脚心是人体汗腺最集中的位置。不断地出汗能带走体内多余的热量，这样才能保持人的体温正常。冬天穿袜子可以隔绝脚心与环境的对流，隔绝脚和冰冷地面的接触，防止汗液蒸发散热以保持体温，所以冬天穿袜子是非常好的习惯。但炎热的夏天还给宝宝穿上袜子，只会降低孩子自体散热和调整体温的能力。

再说说妈妈们经常问到的"手脚发凉"。对这个产生疑问的大部分是老人，因为他们也面临手脚冰凉的问题。但导致发凉的原因，却完全不同！老年人因为器官渐衰，新陈代谢速度降低，体内的热量本来就少，需要通过脚散发的热量也相应减少，而宝宝完全不同，血压低使得血液到不了最远端的脚部，才是导致手脚凉的原因。而这种凉，非但不需要刻意地通过袜子去保护起来，反而是人体保持体内热量平衡的重要晴雨表。宝宝的新陈代谢速度远远超过大人，如果小脚丫夏天也一直被袜子捂住，导致潮湿闷热，一是容易滋生细菌导致疾病，二是会导致体内过热。

二、为什么宝宝应该光脚

上面我们知道了宝宝在夏天时，只要不是过于寒冷，根本不需要穿袜子。那么我们再来看看，光着脚丫对宝宝有哪些好处呢？

光脚可以增强感官发育。宝宝的脚丫分布着丰富的神经末梢，在光脚行走的时候，通过对地面的接触去感知冷热的变化，增强对神经的刺激。通过对地面的抓握，有助于触觉感官得到锻炼，对宝宝大脑发育、感觉灵敏和避免未来感统失调都有很好的作用。

光脚可以提高免疫力增强体质。宝宝通过把脚丫暴露在自然环境下，感知冷热、接触外界环境，可以更好地通过调节自身机能去适应环境的变化，全身免疫能力和抗病能力也会得到提高。

光脚可以形成自然漂亮的脚型。在孩子脚丫的发育过程中，不要给脚丫太多的束缚。这样长成的脚丫，才有更多自由活动的空间和余地，长成更加漂亮的脚型。

三、给宝宝穿袜子的注意事项

上述的宝宝不需要穿袜子，更多的是适合炎热的夏季和有温暖室温的北方冬季室内。但是，在室温低于25℃，或大人明显感觉寒冷时，还是需要给宝宝穿上袜子的。给宝宝穿袜子，也需要注意一些细节。

1. 睡觉的时候不要穿袜子。一天24小时都穿袜子会造成血流不畅，在宝宝睡觉的时候尽量不要给他穿袜子。要保暖，盖被子足矣！

2. 选择袜子的时候要舒适合脚。不要选择过大或者过小的袜子，过大的袜子会导致行走不便，容易摔倒，也不容易形成正确的走路姿势；过小的袜子会妨碍脚丫的正常发育。

3. 选择质量好的袜子。内部的线头等很容易使宝宝脚丫受伤。

掌握了这些知识，夏天就放心地让孩子光着小脚丫跑来跑去吧！

有种冷，叫奶奶觉得我冷！
宝宝到底该穿多少

秋风渐起，落叶飘零。过完十一，北京就开始凉了。

暖暖最近病情好转，我就经常带着她下楼玩耍。楼下也有很多带孩子的爷爷奶奶们抱着小孙子孙女们玩耍。有些让人惊诧的是，北京 18 度左右的平均温度，好些爷爷奶奶们已经给孩子们穿上了棉袄棉裤。不仅自己孩子这么穿，还经常互相交流，摸摸别人家孩子的小手，责怪上两句："小手凉啊！还不给孩子多穿点！看把娃给冻的……"吓得我这个只给暖暖穿一件 T 恤加一件夹克的"后妈"赶紧走开。

一、你家孩子是不是穿多了

相信上述的场景在很多妈妈的经历中都不陌生，每个妈妈的身边都有

多穿点！
别把娃冻着！

一堆这样喜欢对别人带娃指手画脚的人，小区大妈、自家老人，甚至是我们自己。可是，在娃到底冷不冷、是冻着了还是穿多了这些事情上，她们真的有发言权吗？

影视剧里经常看到的情节：老人抱着一个穿着棉袄、裹着包被，团得像粽子一样的娃，一边摇晃着，一边嘴里发出"哦

哦哦"的声音,似乎那就是娃娃最舒服的方式。可到了现实生活中,这样的穿法根本行不通!养孩子不是孵鸡蛋,不需要过度的保暖,穿太多只会害了他!

怎么判断孩子是不是穿多了呢?很多老人通过摸手脚是否冰凉。这是不对的。因为小宝宝血压低,血液不能很好地到达神经纤维末梢,所以手脚本身就会比大人凉一些。如果宝宝的手脚都发热了,那身上一定早已太热了。

正确判断孩子是否穿多的标准在于摸前胸后背。如果锁骨和后脖子都是温温热热又没汗,说明穿得正好。如果后背有点发潮了,那一定是穿多了,请立即给孩子减衣服!

二、穿多了有哪些害处

会致命的捂热综合征。很多老人们以为,给孩子们多穿点,反正没什么害处,暖暖和和的,不是挺好吗?这种观点恰恰大错特错!从中国古训来看,有句话叫"要想小儿安,三分饥与寒",不是讲我们要饿着和冻着宝宝,而是不给孩子过分地吃太多,穿太多。从西医的角度上说,给宝宝穿太多,很容易导致"捂热综合征"。为什么很多宝宝一到冬天就容易感冒出虚汗,很多时候根本不是因为天气凉冻着了,更不是因为宝宝抵抗力弱需要吃补品,而是因为捂太多导致的。别小看穿多捂热这回事,严重的会导致缺氧、高热、大汗、脱水、抽搐昏迷,甚至导致孩子脑部受损。

要想小儿安,三分饥与寒!

阻碍大运动发育。很多妈妈问我说为什么我家孩子还不会爬?那你有没有想过可能是宝宝穿太多了?举个简单的例子,给你穿上连体大棉袄,你还愿意去跑步跳高做运动吗？宝宝也一样，裹得像个粽子一样，只能让孩子一整天都缩在那里没法动。

三、孩子到底应该怎么穿

1. 摸后背的"一指禅"

这一点在刚才就提到了。一定不要以宝宝的手脚温度作为评判宝宝是不是该增减衣服的标准，而是应该用手摸孩子的后背和后脖子交接的地方。如果温暖舒适，就说明宝宝衣服已经够了，不要再多穿衣服了。如果已经开始发烫潮湿，说明已经给孩子穿多了，需要立即减少衣服，避免捂热。

2. 洋葱式穿衣法

"洋葱式"的穿衣法在很多国外的科学育儿理念里都会提到。比喻成洋葱很形象，就是内外穿搭多层，而且尽量以前开式的衣服为主。这样可以及时地根据周围气温为孩子增减衣服。厚厚的毛衣＋厚厚的外套未必是对抗寒冷的最好招数，最好是内层材质柔软，透气排汗，中层衣服保暖，外层防水防风。

3. 跟自己的感觉做比较

有的妈妈或者老人，自己倒是知冷知热，却给孩子捂太多。最简单的方式，就是以成年人的平均体温感知（不能以单个成年人，因为每个人的体感不一样，很多老年人新陈代谢低，普遍更加怕冷多穿），1岁以下的孩子比大人多穿一层（棉质即可，没让你给孩子多穿一件棉袄），

1岁以上的孩子跟大人穿得一样多。如果是更大一些，经常运动容易出汗的孩子，还需要比大人少穿一件。

4. 不要裹蜡烛包

记住，不管是在家还是出门，给孩子穿足够保暖的衣服就可以了。千万不要穿个里三层外三层，还给孩子裹个厚厚的蜡烛包，既不方便随时感知孩子的体温，更阻碍孩子的大运动发育，是早就该被摒弃的陋习。

暖妈说

有种饿，叫妈妈觉得我饿！有种冷，叫奶奶觉得我冷。但今年冬天，拜托千万不要再给孩子穿太多了！

小孩的屁股不怕冻?
大冷天的，你跟孩子什么仇什么怨

有位妈妈向我吐槽说：上个月因为工作太忙，把1岁的孩子暂时送回了乡下的孩子奶奶家，前几天忙完了工作，开车回去接孩子。

到了奶奶家门口，看见一个全身被紧紧裹成棉花包的孩子，弯着腰笨拙地去捡一个树枝，一个光屁股赫然地对着她。她以为是邻居家的孩子，就直接进了屋。直到问了孩子奶奶，才知道门口那个居然是自己的孩子！

她赶紧把孩子抱回屋里，给他换上尿不湿和封裆裤，然后强压住怒火问："妈，我带回来那么多尿不湿，怎么不给孩子用呢，孩子光着屁股多不好看，而且这温度都零下了，水都结冰了啊！"

谁知道老人振振有词地反驳："光着屁股把屎把尿方便，再说谁不知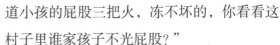道小孩的屁股三把火，冻不坏的，你看看这村子里谁家孩子不光屁股？"

这位妈妈看多说无益，只好作罢，并连夜把孩子带回了城里。

她在给我的留言中说道："老人帮我带孩子我很感激，但是很多观点真的无法沟通，尤其是这个小孩屁股不怕冷的说法，简直无力吐槽了。"

我把"小孩子冬天穿开裆裤，屁股到底

怕不怕冷"这个话题抛到一个群里，结果还真炸出了不少支持党。

支持党有的是"理论派"，拿一些"谚语"作为佐证，除了上文提到的"小孩的屁股三把火"外，还有什么"阎王爷封了三年铁屁股"、"大人的脸小孩的腚，都不怕冻"、"冻了咸菜瓮，冻不了小孩腚"，甚至有一个貌似很科学的说法："打针之所以打屁股上，就是因为屁股上血管和神经比较少，所以冬天也感觉不到冷的。"

有的则是经验派："我们小时候就是这样冻过来的。""小孩是纯阳之体，不怕冷的。""没见过周围有冻坏的，没事儿！"

看到大家都这么理直气壮地支持冬天光屁屁，我的心情就像那位读者妈妈一样，无奈兼无语。

因为，在人类社会文明如此昌盛、科学育儿理念如此普及的今天，居然还有这么多人，坚守着可笑的传统观点，用无所谓的态度去养孩子，并且他们的观点真的经不起推敲啊！

自相矛盾

奇怪的是，让孩子冬天光屁屁的家长，往往也是那些恨不得把棉被给孩子裹上、甚至因为过度保暖搞出捂热综合征的家长。

我想说，你们平时动不动就怕孩子冷，能把孩子从头到脚裹得动弹不得，为什么独独在屁屁问题上如此想得宽、放得开？

这个规律其实也不奇怪，说到底，这样的家长对待孩子，往往一厢情愿自以为是，他们根本不愿意花费一点时间，去看看科学育儿的知识，或者去设身处地地考虑孩子的需求。

违背科学

没见过冻坏的？——见得少不代表没有啊，你先去网上搜一下，看看孩子屁股到底会不会生冻疮？

滴水成冰的寒冬，孩子怎会不冷？只是一两岁的孩子还不会表达而已，或者因从小被这样对待，他们早就接受了"屁股本该是冷的"这一认知。

如果按你们的理论，大人的脸耐冻，那每年冬天那么多面瘫的病患是怎么回事？

退一万步，即使你们的说法成立，孩子的屁股真的一点也不冷，可是那么凛冽的寒风从开裆裤里钻进去，其他部位冷不冷？肚子会不会着凉？

这种不假思索把糟粕当成优良传统继承的做法，实在是愚昧又可笑！

故步自封

很多人给孩子穿开裆裤，说是孩子不怕冷，根本原因不过是为了把屎把尿，或者让孩子随地蹲下方便吧。

现在的父母，可以说比以往任何一个时代都重视孩子，无不希望自己孩子成龙成凤、跻身上层，但为什么连照顾一下孩子的隐私权和自尊心这样的小事都不肯做？

你的人在 21 世纪，心却还停留在 20 世纪 50 年代，有什么资格要求孩子与时俱进做这个时代的成功人士？

传统习惯有时代的局限性和无奈性，以前穷到食不果腹、衣不蔽体的时候，孩子穿成什么样，父母或许无暇过多顾及、或许有心而无力，再加上没有纸尿裤、没有洗衣机，父母在孩子的屁屁问题上偷懒还情有可原。而现在，时代已经发展成这样了，有超级方便、价格低廉的纸尿裤，有各种可以从下面打开换纸尿裤或者如厕的连体衣，有全自动洗衣机，我们家长还有什么借口再偷懒呢？

社会文明日新月异，像鸵鸟一样埋头过去，使自己脱节于社会倒也罢了，只苦了懵懂的孩子。

冬天给孩子穿开裆裤不仅仅是冷，还有之前暖妈在文中提到的很多危害：

第一，宝宝穿开裆裤，小屁屁直接接触地面、桌椅、玩具、家人的衣服等病原体大量聚集的地方，无疑增加了私处感染的机会，容易引发外阴炎、尿路感染、急性膀胱炎等健康问题。甚至我还看过一个周岁女婴患上尖锐湿疣的新闻，经过排查，医生判断是因为孩子经常穿开裆裤，父母带她在外游玩的过程中感染的。

第二，穿开裆裤，容易让孩子养成用手摸生殖器的习惯。本来小宝宝用手摸生殖器，只是出于好奇，因为开裆裤提供的便利，这个行为很容易变成一个坏习惯。而且，也会把尿液、粪便污物、蛲虫虫卵等带入宝宝口中，导致手足口病、腹泻、蛲虫病等。

第三，除了不卫生外，开裆裤还不安全。摸爬滚打是婴幼儿的天性，暴露在外的私处会因为外界物体的碰、撞、刺、夹、烫、擦及蚊虫叮咬等受到伤害。

第四，孩子或许还不会说话和表达想法，但是并非没有意识、没有人格，把孩子最脆弱、最需要保护的地方赤裸裸地暴露在外，不仅不利于孩子学会自尊、自爱，也不利于自我保护意识的形成。想让孩子从小接受正确的性教育，请先从不穿开裆裤做起吧！

冷、不卫生、不安全、不利于孩子身心发展……开裆裤有这么多危害，你还不屈不挠地坚持给孩子穿，请问你跟孩子什么仇什么怨？

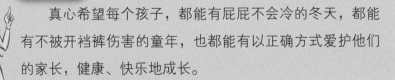

暖妈说

真心希望每个孩子，都能有屁屁不会冷的冬天，都能有不被开裆裤伤害的童年，也都能有以正确方式爱护他们的家长，健康、快乐地成长。

反正会掉的乳牙，
也需要天天刷吗？

最近，暖妈收到不少妈妈留言，要求暖妈说说怎么给小朋友刷牙。

"怎么帮刚长牙的小朋友刷牙呢？可以教教我吗？"

"才四颗短短的小牙，真的不敢刷，总觉得牙龈会刷痛啊！暖妈教教。"

"宝宝刚萌出两颗乳牙，平时看她的小牙齿她都扭来扭去不愿意，感觉刷牙会不会更不配合呀？"

"我家孩子 3 岁半了，虽然不喜欢吃甜食，但是一直不肯刷牙，肿么破啊！"

别急，今天咱们就来探讨一下如何正确保护孩子的小牙，以及如何让孩子从小爱上刷牙。

一、反正会掉的乳牙，也需要天天刷？

暖妈经常听到几种典型的关于刷牙的错误认识：

"反正孩子乳牙早晚要换，蛀了就蛀了。"

"才几颗牙而已，等 2 岁多牙长齐了再刷也不迟。"

"只要孩子不吃糖和其他甜食，就没必要刷牙。"

其实，孩子的乳牙钙化程度低，更容易受细菌侵蚀而蛀坏。第三次全国口腔健康调查显示，也就一两年的工夫，八成以上的孩子就有虫牙了。这跟口腔清洁开始得晚有超级大的关系。

控制孩子吃糖是有必要的，但是并非严禁吃糖就能避免蛀牙，奶粉、酸奶、果汁、面包、话梅、调味酱等很多食物也是含糖的。更重要的是，如果不刷牙，口腔就会滋生细菌，特别是乳酸杆菌，能令糖和其他食物残渣发酵，产生乳酸，破坏牙齿结构，成为蛀牙。

当孩子感觉牙疼，就会偏侧咀嚼，久了容易造成面部发育不对称、颌面部畸形；蛀牙还能引起牙周炎、牙源性囊肿等其他问题，严重的导致全身性感染；同时，因为无法好好吃东西，还易导致孩子营养不良影响发育。

即便孩子 6 岁以后换牙，情况也未必真正改善，乳牙的尖周炎还能波及恒牙，导致恒牙硬组织发育不全。

所以，对于给孩子刷牙的问题，家长们必须给予足够的重视！

二、如何正确地给孩子刷牙？

蛀牙问题，预防是关键，几乎所有的牙科医生都建议：口腔清洁在宝宝一出生就要开始了。

宝宝出生后，家长应该在喂奶后稍微给一点温开水，清除残留乳汁，有时间的可以每天用纱布蘸温开水或淡盐水轻轻擦拭宝宝牙龈和口腔。

从 4 ~ 6 个月开始，宝宝开始萌牙，此时家长可以用"指套牙刷"，帮宝宝清理口腔，包括牙齿、舌头和齿缝等。

1 岁半开始到 3 岁之前，宝宝乳牙基本长齐，这一时期宝宝的好奇心和模仿能力都非常有利于家长引导他们学习刷牙，是养成护牙好习惯的关键时期。引导宝宝自己刷牙之前，尽量选择躺姿给宝宝刷牙，因为只有这个姿势，你才可能看到看清楚孩子所有的牙齿，也才有可能没有遗漏地把所有牙齿都刷到。

同时，家长要在孩子吃完糖果等零食后，提醒他（她）及时喝几口水，要求孩子三餐后漱口，并坚持每天晚上刷牙，有条件的，尽量坚持每晚用牙线帮孩子清理牙缝。

1. 关于如何选择牙膏的问题

很多人觉得婴儿刷牙没必要使用牙膏，但暖妈的意见是：从一开始就应该使用儿童专用的牙膏刷牙，同时在刷牙中使用温开水让孩子练习漱口吐水。

关于儿童牙膏的选择问题，到底应该选择无氟可吞咽的牙膏，还是选择含氟牙膏，各种专家一直争论不休。目前大多数专家比较倾向的观点是：除了自来水高氟地区以外，宝宝刷牙应该选择含氟牙膏。因为氟是牙齿最好的保护剂，而至于一些妈妈担心的氟的微毒性，专家也同时指出，婴儿刷牙每次只需要米粒大小的牙膏，即使不小心吞咽，也起码要每天吃掉一管含氟牙膏，才可能对人体产生毒性，所以几乎可以忽略不计。

3岁以下宝宝，每次使用的牙膏量以米粒大小为准，3～6岁宝宝，可逐渐过渡到黄豆大小。

2. 宝宝牙齿怎样刷

开始刷牙阶段，可以试试专家推荐的比较简单的圆弧刷牙法。

刷牙齿外侧面时，牙齿呈前牙上下相对的咬合状态；

刷后牙时，将牙刷放到颊部，刷毛轻轻接触上颌最后磨牙的牙龈区，移动牙刷呈弧线转圈式运动，从上颌牙龈拖拉至下颌牙龈时，不要加压过大，防止损伤牙龈；

刷前牙时，做连续的圆弧形颤动；

在刷牙齿内侧面时，上下牙齿需要分别清洁，张嘴后，从后向前进行转圈式移动牙刷头清洁牙齿内侧面。

宝宝和家长都稍微熟练一些之后，可以开始牙医们广泛推荐的巴氏刷牙法：将刷毛放在靠近牙龈部位，使之与牙面呈45°倾斜，上牙从上向下刷，下牙从下往上刷，刷完外侧面还应刷内侧面、后牙的咬面，并且保障每次刷牙至少 3 分钟，每个面刷 15 ~ 20 次。

三、如何让宝宝爱上刷牙？

认识了刷牙的重要性和科学方法，我们还要面对最后一个，也是最重要的环节：让宝宝爱上刷牙。

好像没有哪个宝宝天生喜爱刷牙，尤其是一开始被动刷牙的时候，牙刷就像一个外来侵略者伸进嘴里，毛毛的刷头多少会让宝宝有些害怕。如果家长自己对刷牙这件事看得很紧张，看到孩子刷牙的姿势不对了就赶快上去纠正，一旦孩子拖延刷牙就恼火训斥，或者帮助孩子刷牙却用力过大刷得孩子很不舒服，孩子就更容易排斥刷牙。

其实刚开始，我们的主要任务是帮助孩子建立对刷牙的兴趣，培养刷牙的习惯，至于精确的刷牙动作，孩子到了一定的年龄自然就能心领神会。

暖妈根据自身的经验，整理出几种帮助孩子爱上刷牙的方法：

1. 面对面游戏示范法

暖暖出牙的时候，刚开始也并不喜欢我拿指套牙刷给她刷牙，要么紧闭嘴唇不让我把手指伸进去，要么紧张地咬着我的手指不松口。我就另外拿一个指套牙刷，张大嘴巴做出夸张的笑脸，然后动作缓慢地刷给她看，一边刷一边唱着儿歌："小牙刷，手中拿，张开我的大嘴巴，牙刷火车出发啦，喊喳喊喳呜——"

唱到这里我就拖长声音，暖暖就会开心地笑了，之后慢慢不再排斥我给她刷牙了。

这个方法还适用于宝宝 3 岁以后，让他（她）照着镜子给自己刷牙。

2. 武器装备法

工欲善其事，必先利其器。在暖暖一岁半左右开始萌发自己好恶意识的时候，我给她买了一把日本的软毛电动牙刷，每次刷牙的时候还带彩色的亮灯。精致的牙具让她爱不释手，从此刷牙变成了她每天早晚都期待并主动要求的事情。牙膏也一定要买两种不同的味道，每天给她做选择题而不是判断题："今天用草莓味还是葡萄味牙膏？"她自己挑一种，然后就乖乖地刷牙去了。

3. 绘本教育法

读书时看到龋牙的角色，我就告诉暖暖："如果吃糖多又不刷牙，牙齿就会掉哦，他是不是不知道呀，暖暖你要告诉他哦！"

后来暖暖就经常会条件反射地跟我们讲："多吃糖，不刷牙，牙齿掉！"形成这种观念后，要求暖暖刷牙她就十分配合了。

一些绘本也会教育小朋友刷牙，比如《小熊宝宝绘本系列：刷牙》《鳄鱼怕怕牙医怕怕》《贝贝熊系列丛书：看牙医》《我那颗摇晃的牙齿绝对不能掉》《牙齿旅行记》《小熊不刷牙》等，可以跟宝宝一起读，寓教于乐。

4. 比赛激励法

有时候，我们一家三口会随机搞一个刷牙比赛，不是比快，而是看谁刷出来的泡泡更多，谁的牙齿刷得更白、更亮。奖品很简单，一本贴画、一支卡通笔，甚至是一个亲亲。但是因为冠以比赛的名义，暖暖都会很积极地参与比赛。

当然，最后都会是暖暖胜利啦！

四、小宝宝能用电动牙刷吗？

对宝宝是否能用电动牙刷，很多爸爸妈妈都有疑问。首先我们需要确定的一点是：不管什么牙刷都只是外界的辅助工具，最重要的还是良好的刷牙习惯。有些牙医不建议6岁以下的孩子自己独立使用电动牙刷，因为孩子相对力气比较小，有可能拿不住牙刷。在家长的帮助下使用电动刷牙，不失为一个好办法。

在刷牙姿势正确的前提下，选择刷毛软硬适中，刷头大小合适，以及震动频率合适的婴儿专用电动牙刷，的确可以提高刷牙的效率。同时，一些电动牙刷会同时附带发光发亮、定时器、漂亮可爱外形等"小噱头"，对于小朋友来说，这些其实非常重要。尤其发光发亮这个小功能，除了孩子自己喜欢，在家长帮忙刷牙的阶段，也会带来很大方便，可以随时观察牙齿是否清洁干净。

所以，比起能否选择电动牙刷，我们更该关注的是刷牙的方式是否正确，以及选择真正适合婴幼儿的款式。

暖妈说

现在暖暖4岁了，已经不用我们煞费苦心来引导和鼓励她刷牙了，刷牙对于她而言就像吃饭一样简单自然。我反而十分怀念那些唱着儿歌刷牙、讲着故事刷牙、三个人比赛刷牙的欢乐时光呢。

第六篇　陪伴

初期安全感的建立，关乎孩子的一生

只有害齿的妈妈，没有抱坏的宝宝

前段时间，闺蜜生了宝宝，我过去探望。到她家的时候，宝宝刚吃完奶，躺着在玩，眼睛亮亮的，特别可爱。

可不多一会儿，宝宝就哭起来。开始只是哼哼唧唧，闺蜜走过去拍了拍，安静两分钟后又开始哭起来，这次就越哭越大声，朋友走过去一边拍一边唱歌哄，可惜效果不佳，小宝贝还是一直哭。最后不得已，闺蜜只能把宝宝抱了起来，并且无奈地对我说："每次都这样，自己玩不到两分钟就要抱，一点也不好！我抱一下就放下去，不要惯出不好的习惯来。"

看着闺蜜的样子，我似乎突然看到了曾经的自己。

怀孕时，我在网上看了很多关于如何育儿的文章，自以为已经深谙科学育儿的真谛。于是，我经常告诫自己："以后宝宝不能老抱，不能迁就，哭的时候尤其不能抱，不哭了才能抱。要不宝宝知道了哭能换来抱抱，以后永远都放不下去啦。"

暖暖刚出生的时候，我也常常如此告诉家里帮忙的老人：不要抱，哭一哭正常的，不要心疼去抱，不好不好不好……

现在回想起来，那时的我，到底是有多愚蠢！

那么小的孩子，根本不懂得什么叫作"看人下菜碟"，更不懂得什么叫"用哭来要挟"，他们所有的哭泣，都是最基本的生理反应而已！他们那么娇小柔弱，他们要的只是妈妈的一个拥抱而已！

一个抱抱，能有多难？

后来暖暖出月子的时候，曾因为病毒性腹泻病了一场。生病的经历让她变成了高需求的宝宝，哭闹非常多，经常要抱着才会好，尤其是晚上睡觉成了大问题。为了不抱着她入睡，我学了不少方法，嘘拍、白噪音、法伯、哭声免疫……一个个方法试下来收效甚微，每天都还是要哭闹一两小时才能睡下，我也被搞得心力交瘁。

某天，再次大哭过一场之后，暖暖抽泣着睡着了。我看着她粉嘟嘟的还挂着泪水的小脸儿，做了好久准备的"狠心"突然崩塌了。她只是需要抱着就会睡得快睡得好，我为什么就不能抱她？！她只是要妈妈的一个抱抱啊！

从那之后，我都抱着哄睡，暖暖的入睡一下子快多了，也几乎没有再因为睡觉而哭闹过。当然，也不是没有新问题，抱睡容易放下难，一沾床就醒。怎么办？简单啊，再抱。有几夜暖暖肚子不舒服，我和暖爸交换着断断续续抱了一整夜。

我也曾怀疑过，是不是就会从此这么一直抱下去了？

可是慢慢地，我却发现暖暖能够放下去了。最开始是偶尔一两夜，一抱就睡，放下也不醒，后来就一直这样乖乖入睡，再后来可以放下在床上哄睡，而且睡得也越来越安稳。到2岁多的时候，暖暖已经完全不需要哄睡，洗完澡穿好睡衣放在床上，说了晚安之后就可以离开让她自己入睡了！

也许有很多新手父母，跟曾经的我一样，总害怕宝宝要抱会是个不好的习惯，得改！可是，抱一抱真的就会惯坏宝宝？

哪有那么严重！

正相反，对于宝宝而言，父母的拥抱、安抚和肢体接触会帮助他的系统发育。父母应该对孩子的需求有迅速的回应，而不是放任宝宝在那里哭。宝宝是"抱"不坏的，你抱得越多，他的心理就会成长得越健康、越幸福。

美国医学家、教育学家西尔斯博士夫妇，在他们的《西尔斯亲密育儿百科》一书中，关于"一直抱孩子会不会宠坏孩子"的这个说法，曾做了长期的相关研究。实验证明，所谓被"抱坏"根本就是无稽之谈，孩子必须经过一段被人照料、关爱，有人可依赖的时期，才能成长为一个有安全感、独立的人。反观想要宝宝自己安静入睡、自己安静玩耍的我们，是不是有一点点想要偷懒的私心？

很多新手父母害怕把宝宝抱出坏习惯，事实上是忽略了抱的同时也可以进行其他安抚，抱孩子与教孩子并不是一件矛盾的事。

当宝宝因为生理上的不舒适、心理上的不安全开始哭闹时，在第一时间抱起他，宝宝的情绪会得到极大的安抚，然后给他一个玩具或一个安抚物，让他在你的怀抱中的同时适应这个玩具，久而久之，他自己一些小小的情绪就有可能通过这个玩具得到安抚。

当宝宝的需求被满足后，心情是愉快轻松的，这样即使留他在安全的环境下自己玩一会儿、睡一会儿也不再是难事了。对于大一些的宝宝，也不必吝啬抱着他。大部分宝宝都不是真正无理取闹的孩子，只是有时候跟大人的沟通没有达成一致。当他发脾气时，一个真诚温暖的拥抱，永远都是第一解药，抱抱他也可能让他迅速安静下来，然后再了解他的情绪才会更有效。

宝宝脱离母体来到世上，周围都是陌生的，当他还无法抗击环境带来的挑战时，父母给予的安全感和满足感才是他最大的支持。

暖妈说

　　借用我曾经写过的一篇文章的题目，宝宝在我的肚子里十个月，在我怀里三年，却在我心里一辈子。他们还愿意赖在我们怀里的时间转瞬即逝，慢慢地拥抱的时间和机会都会减少，只是一个爱的抱抱而已，别考虑太多，尽情享受吧！

孩子什么时候跟父母分房睡

有不少妈妈留言，催促暖妈赶快写写一个常见又棘手的"小问题"——分房睡觉：

"暖妈快写一篇关于宝宝跟父母睡好还是分房睡好的文章吧，我们夫妻俩为了这个事情争执不下呢。孩子爸非说要从小分房睡锻炼他独立，我觉得一岁多还太小了不忍心。"

"儿子上小学了，还不愿意自己睡一个房间，非要挤到我们的床上，这个怎么破？"

"孩子三岁了，做了好久的思想工作，全家还举行了个独立睡觉仪式，结果总是高高兴兴去睡觉，半夜再哭哭啼啼回来找我们，这可怎么办？"

别急，今天咱们就来探讨下这个话题。

一、分房睡要从小培养？

不支持孩子和父母一起睡的"独睡派"的理论是："睡一个床上容易压到宝宝"、"大人呼吸的废气会让宝宝缺氧"、"妈妈和宝宝会互相影响睡眠"、"孩子形成了依赖心理不利于独立"等，其实，这些都不算什么问题，也都可以解决。比如你担心自己睡得太沉压到孩子，可以紧贴大床摆一张只有三边围栏的婴儿床；担心大人的呼吸影响孩子，可以打开窗户或使用

空气净化器。

有的父母盲目信奉一些育儿理论，把孩子放到小屋里的婴儿床上，然后任由他（她）哭累了沉沉睡去，美其名曰"睡眠训练"。暖妈只想说：我们是在养孩子，不是在训练动物；养孩子要用爱，而不是用"拿来主义"的生硬手段。

对一个刚出生不久的小宝宝来说，世界上最温暖的地方一定是妈妈的怀抱，最熟悉的气味一定是乳汁的芬芳，最安全的地方一定是能感受到妈妈心跳的地方。在 2 岁以前，孩子还没有清晰的自我认知意识，他（她）对世界的感知、对快乐的体验、对自身的存在感，都是建立在跟养育者（尤其是妈妈）的亲密连接上的。

另外，每个人的睡眠都是"深层睡眠"和"浅层睡眠"两种睡眠形式的反复交替，对婴儿来说，这个交替的周期要短得多，浅层睡眠的时间也比成人要多得多，尤其是刚出生几个月的宝宝，夜里醒来的次数几乎是成人的两倍。（所以，妈妈们往往有"孩子刚出生的时候最累"的感受。而之所以孩子 2 岁以后被认为"好带"，是因为这时候大部分孩子沉睡时间很长，易醒期减少，进入"睡眠成熟"。）想想看，孩子不停地醒来，结果只看得到黑暗的那种恐惧感和被遗弃感，在哭声中再次入睡，其心灵该受到多大伤害？

因此，不要急着强迫 2 岁以下的孩子分房睡，这不人道也不科学。

《西尔斯亲密育儿百科》也支持父母和孩子"睡眠共享"："睡眠共享

不仅仅是'宝宝睡在哪里'的问题。它是一种态度，一种夜间育儿方式……反映出一种接受宝宝的态度，'小宝宝有大需求'。"父母和孩子不仅仅是在一起睡觉，而是在共同享受睡前的拥抱、抚摸、亲喂母乳、游戏、晚安吻等，以及孩子在黑夜中惊醒过来时，能第一时间得到妈妈轻柔的抚摸和充满爱意的耳语；孩子半夜生病时，能尽早得到无微不至的关怀呵护。这些美好的片段，才是"睡眠共享"的真正内容。

所以，不要被"宠坏孩子、溺爱孩子"的大帽子吓到，至少在 2 岁以前不要让孩子单独分房睡。只有给予小宝贝最温柔、最周全的呵护，才能让他（她）在足够的安全感和归属感之上，生出独立自信的充沛能量。

二、什么时候分房睡？

其实，衡量孩子能否独立分房睡觉的标准，不是实际年龄，而是孩子的心理年龄。有的孩子因为得到了充足的关爱和满足，所以他（她）会比较容易早早地接受分房睡的安排。反之也可以适当推迟分房睡的时间，直到父母帮孩子补上安全感这一必要条件。

从大多数情况出发，暖妈给出一些建议供家长参考：

2 岁到 2 岁半，可以开始分床睡，即父母在自己的卧室里加一张小床，这样一方面当孩子夜里因为口渴、憋尿、生病等情况醒来时，父母仍然可以及时感应到，并给予解决；另一方面，孩子可以逐渐适应从依赖到分离的过程。

从 3 岁开始，开始试行分房睡。这时候孩子已经有了一定的自理能力，可以在他（她）小房间的床头放上水杯、地上放上小便盆，让他（她）醒来时能够及时解决喝水、憋尿等问题。

分房睡的时间再推迟，最好也不要超过 6 岁。跟异性家长不能给孩子洗澡的原因差不多：孩子大约在 6 岁时进入了性蕾期，如果过晚分开睡，很容易导致孩子的性心理问题。之前暖妈在某个母婴论坛里看到有妈妈吐槽自己老公结婚后还要跟妈妈一起睡，当时还觉得匪夷所思，现在想想，应该就是老人过度溺爱、不注意适时培养孩子的独立能力造成的，结果畸形的亲子关系却毁了孩子的终生幸福。其实独立的空间和时间是孩子成长发育过程中必需的条件，那些始终认为孩子长不大而不肯放手的父母，其实是在以爱之名害孩子。

三、怎样让孩子顺利度过分睡焦虑？

分房睡觉是孩子迈向独立自由的又一个里程碑意义的重大事件，对孩子造成的心理冲击应该仅次于断奶。大多数宝宝在迈出这一步的时候都不会一帆风顺、一劳永逸。暖暖在正式分房睡觉后的两个月时间内，都还经常抱着她最爱的安抚兔跑回来，挤到我们的大床上跟我们一起睡。而且因为经常出去旅行，旅行的时候还是得睡一个床，所以暖暖的分房睡觉也是经历了很长时间的反复。

在这个反复的过程中，父母需要做的，除了坦然的接纳和耐心的陪伴，当然也要 get 一些帮助孩子渡过"难关"的技能啦！

1. 多陪孩子讲绘本

绘本故事是帮助孩子勇敢面对甚至顺利接纳黑暗和孤独的最好方式。比如《吃掉黑暗的怪兽》《我不怕黑夜》《托马斯不怕黑洞洞》等，可以让孩子不那么怕黑；《我永远爱你》《猜猜我有多爱你》《忘了说我爱你》等，可以让孩子确认父母的爱一直与他（她）同在。

最后别忘了保证：爸爸妈妈会永远保护你的。

2. 郑重地对待睡前仪式

仪式可以是帮孩子洗澡、刷牙、换好睡衣的固定流程，可以是抱着孩子对镜子说"晚安，镜子里的妈妈和宝宝"的趣味表达，可以是给孩子哼唱熟悉的摇篮曲，可以是给孩子一个深深的晚安吻。

父母对待睡前仪式的态度，表明了对孩子重视和爱的程度，有一个符合你们习惯的、独特又美好的睡前仪式是有必要的，在你们共同执行的过程中，孩子能感到安心和放松。

3. 帮孩子准备一些"帮手"

最好和孩子一起探讨下，然后按照他（她）的喜好来装饰儿童房，在喜欢的氛围中睡觉，一定会事半功倍，孩子也会更容易接受这个空间；另外，一个孩子最喜欢的毛绒玩具、带有妈妈味道的毛毯、一盏光线柔和造型可爱的小夜灯……都是孩子勇敢走向独立的好帮手。

4. 随时做好孩子的后盾

可能会有一点不便，但是最好你们的房门不要锁，让孩子无论何时因为害怕而回来，都能顺利找到你们。

如果孩子成功地独自度过了第一个夜晚，一定要给他（她）一个有纪念意义的奖励。告诉孩子他（她）已经是个很棒的大宝宝了，你们为他（她）感到骄傲。

另外，当孩子生病或情绪特别低落的时候，也不必强求孩子必须自己睡，偶尔的"心软、让步"没有问题。

暖妈说

在这场分房睡觉的拉锯战中，父母既不能草率地将孩子推出去，也不能任由孩子留下而毫不作为。健康自然的分离过程应该是适时开始、积极引导、智慧陪伴，让孩子既能感受到独立的喜悦，又能确信父母的爱不会远离，慢慢长成我们理想中的那个独立、勇敢、自信、活泼的样子。

妈妈你别走！
宝宝的分离焦虑，到底怎么破

热热闹闹的春节过完了，对班妈来说，无疑又到了最痛苦的时刻——过年期间 10 来天全天 24 小时的陪伴，让宝宝们已经习惯了随时有妈妈在身边，妈妈一旦需要离开，哪怕只是出门去趟超市、吃个饭，也是分分钟上演哭天抢地的节奏。

看着可怜巴巴小家伙，哭喊得撕心裂肺，脸上鼻涕眼泪纵横，死死地抱住妈妈的脖子不放，只有使劲硬扯才能分开，再铁石心肠的人也难免心疼得心碎欲裂。

对暖妈而言，这一幕已经不新鲜了。在暖暖小的时候，暖妈产假上班后刚开始出差时，也时不时地上演过这么一出。后来，暖暖刚上幼儿园的时候，幼儿园门口的各种分离百态，再次让我身临其境地感受了分离焦虑给妈妈、宝宝带来的尴尬和难受。

分离焦虑到底是怎么回事

分离焦虑症是指与某个人建立了亲密的情感关系后，又要分离时，心里产生的伤心、痛苦的情绪，并可能通过各种行为表示拒绝分离。分离焦虑症几乎所有人都会有，甚至连家中的宠物都会产生分离焦虑的情绪，而在婴幼儿中最为常见，表现也最为突出。一般宝宝在 6 ~ 7 个月学爬的阶段就会出现分离焦虑的表现，而在 12 ~ 18 个月的时候会到达顶峰，而更大一些的宝宝，在面临上幼儿园、长期分离等情景时，也有可能表现出严重的分离焦虑。

一般来说，跟妈妈分开后的孩子发生的分离焦虑分为三个阶段：

1. 反抗阶段——号啕大哭，又踢又闹。

2. 失望阶段——仍然断续哭泣，动作、吵闹减少，不理他人，表情迟钝。

3. 超脱阶段——接受外人的照料，开始正常的活动，但是想起妈妈时又会出现悲伤的表情或者哭泣。

很多妈妈会觉得，为什么以前宝宝小时候没这么娇气，现在大了反而开始变得娇气闹腾？其实分离焦虑是一种很正常的生理现象，几乎所有的宝宝都会不同程度地存在。这是他们有个体意识，能够独立运动，身体可以离开妈妈，但精神上却没有做好分离准备的一种体现。对大一点的宝宝来说，分离焦虑是跟妈妈的相处让他们有非常舒适的安全感，而分离却让他们失去安全感的体现。

分离不可避免，怎样才能更轻松

没有一个妈妈会刻意希望与自己孩子分离。但是，总有一些情况，分离不可避免。如果做不到一年 365 天每天 24 小时与宝宝腻在一起，那至少有些办法，可以让分离变得更加轻松。

1. 提前熟悉替代看护人

如果妈妈需要离开宝宝一段时间，换由长辈或保姆带，那一定要提前一段时间让宝宝熟悉新的看护人，增进交流。同时也可以让长辈(保姆)了解宝宝的生活习惯和兴趣爱好。一定不要在马上要走了，才突然抓出一个宝宝从未或者久未接触的人来代替自己。小宝宝也有感情，突然由一个陌生人代替妈妈，一定会有强烈的不安全感。

2. 绝对不要偷偷溜走

很多妈妈爸爸因为担心走的时候宝宝会哭闹，所以会趁宝宝不注意的时候偷偷溜走，这是非常错误的。因为宝宝突然发现妈妈或者爸爸不见了，会产生自己被抛弃了的错觉，只会在下一次分开时加深这种分离焦虑。正确的做法是在离开之前的 1 ~ 2 小时就要先提前做好预告："妈妈一会要出去一趟，但是天黑之前就会回来。"到了分离的节骨眼上，虽然宝宝也会感到伤心，但由于已经有了心理准备，不会感到突然，心理上也更容易接受。

3. 平时多外出接触他人

不管是我出差，还是暖暖上幼儿园，她体现出来的分离焦虑均不算严重。我相信这跟我从她几个月开始就带着她到处旅行有关。从宝宝 1 岁起，就应该有计划地多带孩子外出，多接触其他人，并且鼓励宝宝主动与其他人交往，这样有助于培养宝宝的社交能力，同时也可以有效降低宝宝对爸爸妈妈的依赖感。

4. 多玩藏猫猫之类的游戏

6 ~ 18 个月宝宝的分离焦虑，多半来自于以为看不到妈妈，妈妈就不在了的恐慌。所以，如果宝宝在这个年龄段，可以多跟他玩一些藏猫猫之类的游戏。让宝宝明白物质永恒存在的道理，即使妈妈被毛巾遮住，或者暂时离开视线，但还在那里，过一会儿就又会出现。这样的游戏对培养宝宝的安全感有很大的帮助。

5. 保持轻松愉快的状态，不要传递负面情绪

暖妈看到的分离大戏，经常是宝宝哭得撕心裂肺，一旁的妈妈也难过得直掉泪。即使最后宝宝被强行分开，妈妈也是一步三回头，边抹泪边流

露出不舍的神情。有个一度非常流行的词叫"气场"，这种分离不舍的负面情绪带来的气场，宝宝能迅速感受到，并加剧这种分离的难度。正确的做法应该是轻松愉快而坚定地跟宝宝说再见，并在分别之后迅速离开。让宝宝感受到暂时的分离并没有什么大不了的。也许你前脚刚走，宝宝就不哭了。所有分离之后的哭天抢地、难舍难分，都是你自己的想象而已。

6. 来一个只属于你们俩的约定

如果是大一点的宝宝，可以在离开之前跟他定一个只属于你们俩的约定。比如暖妈的做法经常是，"妈妈要上班去了，你送一个礼物给妈妈吧，就像你陪在妈妈身边一样"或者是"妈妈出去一趟，晚上会回来，你要在妈妈回来之前把这个拼图拼好哦，到时候给妈妈一个惊喜好吗"。一般在这样的约定之后，暖暖的注意力就会转移到这些约定的事情上，兴高采烈地跟我拜拜了。

暖妈说

正如暖妈一直强调的那样，真正的成长，就是一场渐行渐远的分离。这种分离对于妈妈和宝宝来说虽然伴随着痛苦和不舍，但毕竟势不可当。分离焦虑，这是这一过程当中必然存在的环节和经历。妈妈们需要多给宝贝一些理解，一些拥抱，用耐心和温柔，以及一点小小的技巧，来化解宝宝心中的不安全感。当然，更重要的是，对孩子的承诺一定要言而有信，让孩子认识到父母的承诺是可信的，才能逐渐培养出强大而淡定的内心，让暂时的分离焦虑早日结束。

孩子不跟我亲怎么办？
职场妈妈如何给孩子高质量的陪伴

中国妈妈产假通常较短，一般是 3 ~ 6 个月。当休完产假，告别孩子重返职场的时候，我想每个妈妈都会有依恋、不舍、心酸、愧疚……也都会在工作和孩子之间反复权衡，挣扎自责。

其实，谁说选择了事业就是对不起孩子？我们虽然不能时刻陪伴孩子，但如果能合理安排、高效利用时间，如果能充满智慧地经营家庭和事业，我们一样能给孩子高质量的陪伴，成为孩子心中完美的好妈妈。

充分利用碎片化时间

职场妈妈最缺什么？时间！但是时间这东西，真的就如海绵里的水，挤挤总会有的。只要妈妈有心，做饭、吃饭、睡觉、做家务甚至上厕所都可以成为母子共享的欢乐时光。

调整好孩子的睡眠时间，争取在离开家前能给孩子一个早安吻和拥抱，让孩子的情绪稳定一些；下班回家第一时间给扑入怀里的孩子积极回应，让孩子知道妈妈无论离开多久都仍然爱他；做饭时请孩子帮你递个碗、洗个菜，然后

开心地对孩子说谢谢，别嫌他洗得不干净，回头自己再偷偷洗一遍就行了；帮孩子洗澡、刷牙时唱唱儿歌、做些小游戏，比如"我爱洗澡、皮肤好好"，"牙刷火车出发了，在宝贝的牙齿上呜呜跑呢"，任何琐事都可以用开心的方式进行；入睡前跟孩子在床上玩一玩打滚、举高、钻山洞（被子）等；给孩子讲晚安故事、唱摇篮曲，别忘了再给一个晚安吻，让这个仪式成为孩子睡前最美好的印记。

有人要问了，上厕所怎么也能亲子互动？

我是这么做的：

暖暖表示想上厕所了，我就教她上厕所的流程：脱下小裤裤、坐上坐便器，拉完后从前往后擦干净。拉的时候，我在旁边还给她配台词："臭臭、臭臭快出来，嗯——出来了！"然后带着她一起去厕所倒掉，抱起她让她亲手按下冲水阀，看着臭臭轰隆隆被冲走："臭臭不见了！"每当这个时候暖暖都特别有成就感。一个非常普通的生活琐事，也可以变得富有乐趣。只要妈妈们用心，一定能研究出更多利用碎片化时间和宝宝开心互动的方式。

寓教于生活

很多妈妈问过我：要不要给孩子报早教班呢？别的孩子都在上，我怕自己孩子输在起跑线上。

如果你报早教是为了给孩子一段不被打扰的高质量陪伴时光，让孩子在有同龄交际圈的环境中尽情地做游戏，而且经济条件也允许，那就可以上。但不要把早教班当成开发智力、学习知识的手段。

其实对于掌握一定早期教育科学知识又富有智慧的妈妈而言，不上早教班，也一样可以在生活中随时给予孩子高质量陪伴。

比如：我下班后如果需要去超市购物，都会带着暖暖同去，引导她跟我一起挑选货物："暖暖喜欢的苹果吃完了，我们今天再买一些吧！这个苹果又红又大真不错，暖暖帮妈妈装起来！哦，我们挑了1、2、3、4、5、6，六个苹果啦，我们去找阿姨称一下吧！"

"暖暖还想要这个棒棒糖啊，妈妈也很想给你买，但是今天我们的购物车里已经有很多好吃的东西等着暖暖来吃了，能不能等吃完这些再来买呢？再见棒棒糖，暖暖下次再来把你带走。"

付账的时候，我也让暖暖拿着我的银行卡递给收银员，并引导她跟对方说："请帮我刷卡结账，谢谢！"然后我们一起开开心心把东西搬回家。

虽然这样采购效率会低一些，但我们都收获了很多。在超市这个丰富的大环境里，孩子得到的又何止是几样零食那么简单。她学着分析、比较、挑选商品，试着像个大人一样取舍和控制欲望，懂得了购买需要用钱（卡）和物交换，勇敢地跟别人打招呼、表达意图——这些真实体验更有利于孩子智商、情商甚至财商的培养。生活才是最好的早教课堂，而妈妈就是最重要的老师。

幽默有趣的妈妈最受欢迎

孩子最喜欢什么样的陪伴呢？一个陪坐在一边玩手机的妈妈、一个不停要求孩子不能做这个、不能做那个的妈妈，一个絮絮叨叨说些孩子不感兴趣话题的妈妈，这些妈妈看似在陪着孩子，却没有实现有效陪伴。

朋友Z跟我聊天，讲她在家是如何跟2岁3个月的孩子沟通交流的。她的儿子疯狂迷恋托马斯火车，家里有几十个小火车玩具和近百本相关书籍。

孩子闹着要吃糖的时候，Z拿出一个有龅牙的小火车费迪南，一本正经地说："费迪南，你是不是不知道吃糖多牙齿会掉啊？让你的小主人来告诉你，记住要少吃糖、天天刷牙哦！"她儿子很快就学会了说："费迪南，多吃糖，牙齿掉！"而且居然能自己克制着少吃糖了，好像在为小火车做表率呢。

到了洗澡睡觉时间，孩子还不肯去洗，Z就会说："哎呀呀，威夫，你这么脏兮兮的，艾米莉都不想跟你做朋友了，艾米莉喜欢干净漂亮的小火车呢。"孩子立马跟她去洗澡了。

孩子脾气大的时候，Z问："《托马斯不要坏脾气》那本书里，托马斯生气发脾气让哪些朋友伤心了？"孩子的情绪立马跟着故事情节走了："托马斯生气，汉德尔先生难过，史卡洛、罗斯提都难过！"于是刚才的事情已经忘记了。

Z也是职场妈妈，但是她通过跟孩子一起玩玩具、亲子阅读等，对孩子的个性、心理、喜好甚至孩子喜欢的对象都有全面充分的了解，因此能够把这种不打不吵却能走进孩子心里的快乐育儿法实践得游刃有余，职场妈妈们不妨学学看。

3岁前，跟孩子同屋睡觉

那些加班晚归的夜晚，那些费尽力气把孩子哄睡的夜晚，那些半夜起来看孩子是否出汗、是否踢被子的夜晚，我经历过无数，所以我特别能理解视"睡个囫囵觉"为奢侈梦想的职场妈妈们。

但是，俗话说得好："孩子跟谁睡就是谁的孩子。"这可不仅仅是指睡在一个屋里，还包括睡前的母乳、亲昵游戏、晚安故事、晚安吻，还有孩子夜里惊醒时的一句"妈妈在，宝贝不怕"，以及早上醒来能第一时间看到的你的笑脸。

如果把孩子丢给老人或者保姆，自己呼呼大睡，舒服是舒服了，孩子却跟我们生疏了——这简直比肉体上的折磨更不能忍啊！

所以，再苦再累，熬过这3年，3岁以后孩子已经能逐渐分房睡了，到那个时候，说不定你还会怀念这段不会再回来的同屋时光。

常常说"我爱你"

中国父母的感情一直都以深沉、内敛、含蓄著称，比如我们这一代人，都很少听到父母对自己说"我爱你"。其实"我爱你"是非常有魔力的三个字啊，如果早点开始对孩子表达爱，两代人之间的误会、代沟、伤害什么的都会减少很多。要想改变这一现象，只能从我们这一代开始啦。

要注意的是，很多父母都喜爱孩子可爱乖巧的时候，孩子如果调皮捣蛋就会连吼带骂，还威胁说这样爸爸妈妈就不爱你、不要你了。这样的极端态度会让孩子失去安全感，甚至察言观色讨好大人以获得喜爱，因此非常不可取。

推荐几个绘本给各位父母：《我永远爱你》《忘了说我爱你》《猜猜我有多爱你》等。尤其是第一本，我读完后常常借故事情节跟暖暖表白。我问："暖暖哭闹、淘气的时候妈妈爱不爱她？"暖暖刚开始会犹豫一下，摇摇头说不爱。我就笑着坚定地告诉她："妈妈永远都爱你，工作的时候也爱、吃饭的时候也爱、睡觉的时候也爱、上厕所的时候也爱。就像阿力的妈妈永远爱阿力那样，我也永远爱我的宝贝！"

所以，现在暖暖的安全感非常高，如果我出差、加班不能陪她，或者正陪她时突然有紧急工作要处理，只要跟她讲清楚妈妈回来的时间，她一般都能坦然接受。因为她知道，妈妈在不在身边，对她的爱都不会少一丝一毫。

其实孩子没有我们想象的那么脆弱，只要她内心建立了强大的爱的精神堡垒。

快乐做自己

不管是出于经济原因还是事业心，选择做职场妈妈其实多少都会有点纠结和焦虑，不过这样的情况最好能尽快扭转。

如果你工作的时候因为惦记着孩子而痛苦、在家的时候又考虑工作的压力而烦恼，就要积极调整好状态，工作的时候积极高效、减少加班和无效劳动，回家就抛开工作、全身心地陪伴孩子。

如果你因为难以做到事事亲力亲为、完美无瑕而自责，不妨告诉自己："我只是一个普通的女人，我可以追求完美，但是不完美也没那么可怕。"家务做不完可以找钟点工，公婆、父母、爸爸也是分担压力的队友，别对自己太苛刻。

当然，如果工作确实很繁忙，甚至已经严重影响你兼顾孩子，也要问问自己这么忙是否真的有意义，付出这么多是否值得。去跟领导谈谈，适当给自己减负，或者换个工作，哪怕钱少一点。暖妈认为，没有什么工作重要到可以让我们抛家别子，丧失生活的乐趣。

其实不必把做职场妈妈想得特别悲情，只要这是你认为值得的选择，就不妨开开心心地走下去，做一个容光焕发、内在丰富、勇于拼搏、善于生活的妈妈，即使你没有时刻陪在孩子身边，你也通过自身的努力让孩子明白了：勇敢追求理想、实现人生价值是多么光荣、美好的一件事情。

给予孩子积极的人生观、价值观影响，也是爱的一种传承，而精神的传承，才是能陪伴孩子一生的财富。

暖妈说

职场妈妈的身份不足以影响我们成为孩子心目中最好的妈妈，陪伴时间的多少也不是衡量我们爱孩子的唯一标准。只要给孩子最大程度的理解和尊重，给孩子足够的安全感和幸福感，职场妈妈也可以很骄傲地说："宝贝，我给你的是最好的爱！"

你可以为了孩子去死，
却为何控制不了发脾气

我收到过无数苦恼家长的留言和来信，常常是先提出孩子有什么样的问题，然后说："我打也打了、骂也骂了，可还是没有效果，请问我该怎么办？"

而孩子的这些问题往往是：频繁吃手、经常尿裤子、爱拿其他小朋友的玩具、爱打人、不肯吃蔬菜、不想让幼儿园……

不知道是我心大还是怎么，我觉得这些都不过是小孩子成长过程中再正常不过的事情啊：比如吃手、吃脚是口腔敏感期的孩子在探索身体的一部分、并获得口腔的满足感，打骂就破坏了孩子的这个自然体验过程。比如尿裤子可能是之前家长把屎把尿导致孩子无法自主排便，也可能是孩子玩得太过投入而忘记了告诉大人，打骂只会让孩子感觉更紧张，更不能从容地面对大小便这件事。比如爱拿其他小朋友的玩具，不过是物权意识还不明晰的孩子分不清楚你的我的，打骂会让孩子感觉羞辱，而不会让他明白为什么不能拿别人的。比如打人，可能是孩子搞不清接触的分寸，可能是孩子没掌握情绪表达的方式，也可能是家长平时打孩子造成了不良示范，总之，还是多向孩子演示如何正确与人交往，以及如何发泄不良情绪，打骂只会起到更加负面的示范作用。比如不肯吃蔬菜，有的孩子可能不喜欢吃炒青菜，但是包成包子和饺子就很喜欢了啊。就算他真的无论如何也不吃，没有哪种食物的营养素是其他食物代替不了的。再说，就算大人也会有挑食的时候吧，如果你的配偶挑食，你会采取打骂的形式吗？比如不想上幼儿园，几乎所有孩子都很难一下子接受跟家长分开这么久的吧，少数不哭不闹上幼儿园的，都是家长之前陪着孩子做过很长时间的准备和铺垫工作。如果你错过了铺垫期，那就多跟孩子交流，问问孩子为什么不想去上学，再跟老师沟通，为孩子喜欢上幼儿园的生活做一些努力，怎么能不做努力、只知打骂，把所有的压力都推给孩子？

但每当我这样跟家长们讲，请他们多一些耐心、多学习一些育儿知识，帮助孩子顺利度过每一个敏感期和人生挫折的时候，总有家长会说：这样不打不骂，会不会把孩子惯坏了？

我无语。

你所谓的不惯孩子，不过是懒于教育的托词罢了。如果打骂、羞辱、发脾气能教育好一个人，那监狱里的狱警应该算伟大的教育家了！

还会有家长问我：有时候道理也懂，但是一遇到问题总是控制不住自己的脾气，怎么办？

啥？你口口声声说爱孩子，爱到可以为孩子去死，居然连控制一下脾气都做不到？！

孩子只是想要你的拥抱、关心和爱

我有一个年龄稍长的朋友Z，从孩子出生时就辞了职，一是因为没人帮忙带孩子，二是也想全心全意地陪伴孩子。家庭主妇的生活一做就是十年，Z不仅付出了事业，也付出了全部的心血。她想方设法地买各种进口食材给孩子补充营养、孩子生病了彻夜不眠不休地照顾、孩子对音乐有兴趣就砸锅卖铁地买了一架高档钢琴……

此外，Z还能把家务做得很棒，每次去她家里，都是窗明几净、温馨舒适。她说地板要跪在地上用抹布一点点擦才能如此干净，还跟我说这些年累得落下了腰间盘突出的毛病。

按说这样的妈妈，为孩子、为家庭付出了一切，理应得到最好的回报。但是Z却常常跟我抱怨，说自己越来越搞不懂孩子了，跟他说什么，要么气冲冲地顶嘴，要么闷着头不吭声。

其实我有一点明白问题的症结所在。

有一次，我和Z逛完街后顺便到她家里做客，Z的儿子扑进妈妈怀里，蹦蹦跳跳地撒着娇："妈妈，你答应给我的礼物有没有买啊？"

Z却突然咆哮起来："我都快累死了！你能不能去一边让我歇会儿？整天就知道要东西，就不能体谅一下妈妈吗？"

我眼看着在这声色俱厉的批判下，Z的儿子一秒钟内就从兴高采烈变成了面色土灰，犹如一盏活力四射的灯，"啪"地一下熄灭了。

那天逛街确实是挺累的，但是这跟孩子有什么关系呢？

孩子想要的，也许是你承诺过的那个礼物，或者根本与礼物无关，他只是想要你的拥抱、关心和爱而已啊！

为什么不能抱抱孩子，并坦率地告诉他："今天没能找到那个礼物，妈妈会再找一找然后给你买。现在妈妈太累了，想休息一下，等会过来陪你好吗？"

乱发脾气危害大

打、骂、发脾气，有些时候确实能起到立竿见影的效果，毕竟一个小孩子，无论是体能还是气势，都无法与大人抗衡，更何况，他还那么爱着你、依赖着你，你突然之间宛若变了一个人似的，对他进行狂风暴雨般的攻击，真的会吓到他的——那应该是一种类似于看到上帝变成了恶魔般的感受吧。

于是，孩子蔫了、妥协了、屈从了，家长获得了短暂的胜利。但是，这也只是"短暂的"和"表面上的"胜利而已。

经常发脾气的你，可能会收获一个很乖的孩子，开始你可能还在沾沾自喜："谁说孩子不能打不能骂了？我天天吵孩子，看他多听话！"但是，后来你会发现：怎么这孩子这么没主见、胆小、孤僻、软弱、爱哭、容易被人欺负？

当然，你还可能会收获一个和你一样脾气暴躁的孩子，他继承了你的随性、易怒、冲动、爱打人和撒泼，你们针尖对麦芒，一言不合就互相伤害——不用问我该怎么办，如果你没有意识到问题的根源所在，或者就是意识到了也不以为然，那么你就是去咨询比我高明一百倍的专家，也得不到治本的解决方案。

很多父母都以为，发过脾气后，孩子仍然像以前那样爱自己啊，他不会记仇的，但你知道孩子的内心都经历了什么吗？

德国儿童绘本师 Jutta Bauer 的绘本《发脾气大叫的妈妈》，就以夸张的方法描述了被妈妈的脾气伤害的孩子吓得身体各部分四散奔逃的故事，其实，那些奔逃的身体，就代表着孩子被吓得魂飞魄散的内心啊！

一个不懂什么大道理的朴实农民，都懂得种庄稼要依照农作物的特色，顺应四时播种、除草、施肥，细心呵护之外，还得祈祷风调雨顺，才可以获得丰收。我们面对最爱的孩子，怎么可以滥用情绪、肢体和语言暴力，用比自然界风雨更可怕的力量来伤害、摧毁孩子？

控制脾气，你可以做得更好

我知道，在这个时代，每个人都生活很忙、工作很累、压力很大，尤其是做父母的，为孩子可以说是操碎了心、费尽了精力。

但是，这不是把负面情绪转嫁到孩子身上的理由。

如果你真的爱孩子，并有心改变自己乱发脾气的毛病，就先从"半分钟"开始练习吧。

当你的火气上涌、脾气一触即发的时候，先深呼吸，暂停半分钟，想一想：

是孩子真的做错了，还是仅仅因为没有达到你的主观要求？

是孩子确实"胡作非为"，还是只是爱玩爱闹的天性使然？

是必须用发脾气才能震慑孩子的"恶行"，还是有更好的沟通办法？

是真的孩子逼得你要发脾气，还是你把孩子当成了生活压力的出气筒？

如果真的是孩子做错了，可以严肃地告诉他："你这样做不对，我很生气。"并进一步表达你生气的原因："我生气是因为我们已经说好了，不再用打人的方式来发泄情绪了，下次能不能记得我们的约定？"

如果你不小心让孩子当了你情绪的垃圾桶，记得及时向孩子道歉，这不丢人。

暖妈说

控制脾气，而不是让脾气控制你。

不要让你可以为孩子付出生命的爱，毁在了脾气上面。

你那么爱玩手机，
你的孩子一定很辛苦

迂回的办法

周末，约了朋友在咖啡馆碰面，我先到便坐下来等。旁边桌坐着一对母女，妈妈低头刷着手机，大概四五岁的女儿窝在椅子里安静地玩一个玩偶。

我坐了一会儿，发现小女孩总是往我这边看，便侧过头给了她一个微笑。也许这个笑让孩子觉得我很友善，便跳下椅子往我这边走来。刷手机的妈妈抬头看了一眼，确认女儿安全后又低头看手机去了。

女孩走到我面前，说："阿姨，我想唱个歌。"我心想，这小姑娘一点也不怯生，性格真棒，便说："好呀！"

小女孩唱了一首儿歌，唱到后面的时候还跳起舞来。咖啡馆很安静，小女孩边唱边跳引起了很多人注意，因为童音挺悦耳，女孩声音也不算很大，所以大家并没有表示反感，都是笑着看她唱唱跳跳。

小女孩唱完一首，又开始唱第二首。这时，年轻妈妈可能担心孩子打扰到其他人，抬起头对孩子说："宝贝，太吵的话会影响别人的，我们保持安静，好吗？"小女孩也很乖巧，对她妈妈说："妈妈，那你看完我唱的这一个好不好？"于是，孩子继续把剩下的歌唱完。不过，好像这后半段的歌舞唱跳得更认真了。

我突然反应过来，小女孩并不是想要给我这个陌生人唱歌跳舞，她只是想要唱和跳给妈妈看呀！想必在我来之前，这位妈妈已经刷了一段时间手机，孩子跟她聊什么也没有得到积极的回应吧，所以只好想了一个迂回的办法，只是为了让妈妈从手机上抬起头看看她。

手机是个"怪物"

之前无意间看到一个节目，瞬间被戳中泪点。

这是一个孩子唱歌的节目，7岁的浩浩选了一首《父亲》。选歌的时候，他告诉主持人一个秘密，就是爸爸是个手机控，在家一直玩手机游戏。当孩子邀请爸爸陪他一起玩的时候，爸爸总是说："等一会儿吧。"可是，孩子第二次邀请爸爸的时候，爸爸说再等一会儿："一局很长的。"孩子说："原来他说等一会儿，就是不愿意陪我玩。"脸上那种失望的表情，特别让人心疼。

主持人说，孩子选《父亲》这首歌，就是因为里面有一句："多想回到从前，牵你温暖手掌。"

主持人问孩子，牵爸爸的手是什么感觉？孩子笑着说，很温暖。当主持人问，那爸爸拒绝你的时候呢？孩子沉默很久，忍不住哭了起来："我在想，他为什么要拒绝我……"

孩子爸爸觉得愧疚不已，不停抹泪，最后紧紧牵着孩子的手，认真听孩子唱完了这首歌，现场的观众和老师也都感动不已。

《父亲》这首歌本意是歌颂父爱，但我却被这个孩子演绎的版本深深打动，因为他赋予了这首歌新的含义：呼唤父爱的回归。

也许在孩子眼里，手机是一个"怪物"吧，它占有了爸爸妈妈的一切时间和注意力，它让爸爸妈妈对自己视而不见，它让爸爸妈妈一次又一次地拒绝自己，让自己成了一个有父母的"孤儿"。

爱玩手机的是你

之前，我的一个表姐打来电话说："孩子现在特别爱玩手机，一看到我们拿着手机就来抢，不给还要发脾气，你说我该怎么纠正她这个坏习惯呢？"

想来我表姐的这个问题大概并不是少数父母的问题吧，孩子过度使用手机、iPad 确实有很多的不良影响，不过，孩子是真的特别爱玩手机吗？

我跟表姐说："我知道你平时也比较忙，不过你试一试，你集中处理完事情，然后说你忙完了，可以给她手机玩，同时你也可以邀请她一起堆积木，看孩子愿意玩什么。"

几天后，表姐给我来电话说，自从她放下手机陪孩子玩，孩子再也没有抢过手机，有时候手机就放在茶几上，孩子却看也不看一眼。而无论她陪着孩子玩多么简单的游戏，甚至有时候娘俩各自堆着积木，做着手工，没有说话，也能感觉到孩子的开心。有时候做完一个手工，跟孩子相视一笑，能从孩子亮晶晶的眼睛里读到满满的幸福的味道。

表姐说："原来特别爱玩手机的是我，不是孩子。"

很多东西比手机更重要

很多人说，我真的特别忙，没办法不使用手机。

是的，手机是现代社会里工作、生活、社交的重要工具，不可或缺。但手机也仅仅是个工具而已，有很多东西它是取代不了的。我们没有必要彻底拒绝使用手机，但也一定要注意，不要让生活被手机绑架和吞噬。

当我们与伴侣共处一室，却都低着头各自刷手机时，你有没有怀念过彼此牵手聊天散步的时光？

当我们与家人共进晚餐，却都低着头各自刷手机时，你有没有怀念过从前觥筹交错热闹非凡的团圆气氛？

当我们与朋友相约聚会，却都低着头各自刷手机时，你有没有怀念过大家手捧热茶天南海北神侃的开心？

当我们陪着孩子，却低头刷着手机时，你又有没有想起小时候我们父母陪着我们运动、听我们唱歌、给我们讲故事的时光？

当你发愁"孩子一看动画片就没完怎么办？孩子一见手机就抢怎么纠正？孩子特别喜欢某个游戏让他怎么改？"时，不妨先问问自己，老是忍不住刷手机怎么破？

其实，成年人比孩子更容易沉迷一件事情不自知，所以，也才有敏感的孩子通过他们自己的方式来提醒我们，很多东西比手机更重要。

人与人之间，有眼神的交流、语言的碰撞、肢体的亲昵、情绪的碰撞，才会充满着无数热忱的、温暖的"小确幸"。而这些需求和幸福，再先进的手机也无法满足。

暖妈说

别再让孩子用文章开篇那个小女孩的迂回战术来换回妈妈对自己的关注，也别再让孩子像 7 岁浩浩这样流下委屈的泪水才引起爸爸的重视。孩子与父母本来就是一场渐行渐远的离别，曾经那么辛苦地跟手机争宠的孩子，总有一天会长大，会远离。如果爱是我们能给孩子准备的最好的行囊，那么别让孩子带着缺憾感和匮乏感远行，也别等到我们老去时，才发现错过了太多相拥相亲、互相依恋的幸福时光。

第七篇　辣妈

当了妈，也有爱美的权利

吃辣、化妆、旅行，
教你如何健康怀孕不发胖

从怀孕到生产到育儿，时间真的飞一般地过去，这篇文章写于暖暖 5 个月的时候，转眼间暖暖就快 3 岁了。怀孕期间每次出去跟别的朋友见面，大家都会感叹为什么我这个孕妇可以当得这么轻松和美丽。

下面的经验，大部分是我自己的体会和在书上、孕妇学校学习到的，也有部分是别的辣妈们给的建议被我批判性地采纳了。怀孕的 9 个月，总的来说，我有如下的受益：

1.整个怀孕期间体重只增长了 22 斤，出生时宝宝的体重 6 斤 6 两。医生说，我的腹围和宝宝大小正合适。

2.除了肚子向前挺，身材完全没有变形，在怀女宝宝的情况下，肚子也不外扩。

3.整个怀孕期间，没有长一根妊娠纹。

4.手脚一点都没有肿。

5.皮肤比以前更加有光泽。（有人说是因为我怀女宝宝的原因，见仁见智吧！）

6.胸部只是因怀孕而变大，没有下垂。

7.不缺铁，不缺钙，没有脐带绕颈。

8.走路还跟原来一样灵活，腰腿一点也不疼。

当然我也有不好的地方，比如最后因为羊水太少被迫剖宫产，这一点我也会在后面给准妈妈们一些提醒。

怀孕以前我就是很爱美的，孕前的体重为97斤，也非常害怕怀孕会夺走我对于美的追求。我把我从孕前到现在的心得和经验分享给大家，希望大家都能调整好心态，一起做最漂亮的孕妈和辣妈！

一、孕前准备

我的孕前准备其实是从上一年年初过完春节就开始了。那时候我和老公都开始戒酒，我也开始吃叶酸。一开始吃的是善存多维元素片，里面的叶酸含量是400微克，后来去医院咨询过医生后，医生说善存的叶酸量不太够，推荐了拜耳药业的爱乐维。爱乐维要贵一点，但里面的叶酸含量是800微克。我们就改吃爱乐维了。每天一粒，一直吃到我怀孕5个月的时候，基本上有将近一年的时间。

很多朋友问我，说要是计划外有了孩子，之前没有戒烟酒，也没有吃叶酸怎么办。我想说，这个问题其实不大，如果宝宝真的有问题，优胜劣汰会决定它留不到3个月。所以只要前3个月宝宝没问题很健康，那就完全不用担心了。计划外的宝宝很多，生下来也很健康。只是如果怀孕前没有做好这些，那么怀孕后就更要注意了。怀孕前3个月宝宝在长神经，叶酸一定不能少。

而且准妈妈和准爸爸一定要戒烟，抽烟的伤害对宝宝超乎想象的大！如果喝酒，孕3个月以后，妈妈可以喝少量的红酒。如果要养宠物的话，最好提前带宠物做个寄生虫检查。因为宠物身上有可能有弓形虫，特别是前3个月，如果感染到肚子里的宝宝，就有很大的危险。

再说说怀孕过程。我和宝宝爸是有计划的怀孕，所以排卵试纸是不可少的。我也买了电子体温计测基础体温，不过有时候早上起来总会忘了测，所以还是排卵试纸比较靠谱！

我们是第 2 个月怀上宝宝的，第 1 个月上班太辛苦，正好在排卵的那几天我严重感冒了，还发烧，所以只能放弃。第 2 个月我养好了身体，就要上了宝宝。

很多朋友问我排卵试纸怎么用，很简单啦！就是一深一浅为阴性，不排卵，一天测一条就行。两条一样深的时候为强阳，就是马上要排卵了。强阳大概会持续一天左右，这个时候开始要 3 个小时测一次，测到强阳迅速转阴的时候，就是排卵了。这个时候跟老公 AA 一次，然后过 1 ~ 2 天再补 AA 一次，基本上就靠谱啦！

要计划怀孕的话，排卵试纸要用很多，建议大家不要到药店去买那种盒装的，太贵了。一盒 5 条卖 30 多！基本上网上就可以解决，一根才 5 毛钱，东西和效果都是一样的，我就一下子买了 50 个。关于牌子，我买的是秀儿的。大家说这个牌子比较敏感，我也是怕错过短暂的强阳，所以选择了这个牌子。

另外就是因为想要孩子，所以从 7 月份开始，我就比较注重膳食的营养，加上正好妈妈退休，到北京来照顾我，我的体重从以前的 97 斤长到了 100 斤。也就是在知道怀孕时，我的孕前体重为 100 斤。

二、怀孕初期（1 ~ 3 月）

就是怀孕的前 3 个月。其实大家都是在怀孕第 2 个月才知道这个消息的，所以前 3 个月基本上都一样。这个期间是最重要的，因为宝宝在妈妈的子宫内膜里还没有长稳，所以一定要很小心。但我说的很小心，可不是让妈妈们什么都不干哦，只是要比以前更注意一点。

前 3 个月的时候，尽量不要坐飞机火车长途出行，不要进行拍 X 光片、胸透等强辐射的活动。如果过安检门，跟工作人员说明怀孕了，人家一般都会让你从旁边走的。还有少用电脑，特别是台式机。

如果感冒了，尽量不要吃药，我就是在怀孕两个月的时候感冒了。在发现感冒苗头的时候就要多喝水，因为白细胞在跟感冒病毒抗争的时候需要大量水的参与。多休息，室内通风，如果一定要去人多的地方，记得戴口罩。

我再说说孕吐。有些人吐得很厉害，有些人一口都不吐。这个是因人而异的。我是有恶心和干呕的时候，真正吐出来的，整个孕期总共就 3 ～ 5 次。有孕吐的妈妈也不要过于羡慕那些一点反应都没有的，因为孕吐是生理系统很正常的排异反应。如果一点感觉都没有，那反倒有点违背自然了。

还有妈妈心情一定要好，调节好心态很重要。不要有问题就觉得是别人的原因，就算别人做得再不对，心情是自己的，宝宝在自己的身体里，要调节好心态。我那时候跟老公吵了几次架，每次一吵架就觉得恶心难受，现在想想都很后悔。

到怀孕 4 个月的时候，我一斤都没有长。这个时候其实宝宝是几乎没有体重增长的，都在长神经。所以，如果孕早期就长了很多体重的 MM 要反省一下是不是自己太不忌口了。

三、怀孕中期（4 ～ 7 个月）

孕妈妈们最舒服的日子终于来啦！这个时候孕吐基本上没有了，而且宝宝在肚子里也长稳了。旅行啊，瑜伽啊，游泳啊，跟老公亲热啊……大部分平时想做的事情都可以做啦！

我基本上是从怀孕的第 5 个月体重开始增长的。刚开始的增长有点快，到第 6 个月中旬的时候，已经长了 10 斤，飙升到了 110 斤。我这才意识到自己的饮食结构出了问题，吃了太多的面食和水果，必须要控制饮食、进行调节。（是控制饮食调节结构，不是减肥哦！）

有很多孕妈在怀孕前很注重身材，但认为一怀孕就可以放开了。一是认为，反正我怀孕了，也不会有人看我，我怎么胖都是应该的；二是认为，怀孕就要大吃特吃，这样孩子的营养才会跟得上。

其实这些都是错误的传统观念！一是追求美是每个女人的权利和义务，就算孕妇也不例外；二是长胖和营养基本上是不相干的两回事。我的同学在日本生的孩子，175厘米的身高，整个孕期只涨了20斤，儿子生下来就有8斤，而且特别健康。反倒有些长了50～60斤的孕妇，孩子生下来也不过6斤多，结果肉全长在自己身上了，后悔得要死。

其实现代的城里人，只要不挑食，营养只有过剩的，没有不够的。中国的现代医学认为孕妇在整个孕期体重长20～25斤为正常，超过30斤就是超重。而日本限制得更严格！日本的医生建议孕妇只长重16～20斤，25斤以上的通通都为超重，需要控制。所以，妈妈们不要再借为了宝宝好的借口不控制自己的饮食啦！到头来肉全长到自己身上，生完孩子别说老公和外人不愿意看你，连自己看了心里都难受！

我在怀孕中期的时候，基本上都是跟大家一起正常吃饭。

早上喝半斤牛奶或者1～2个蒸鸡蛋，吃半个馒头或者别的干粮。

中午正常吃，但基本上要保证有一点精肉（鱼肉、牛肉或者猪瘦肉），还有两种以上的蔬菜。如果觉得饿，中午可以稍微多吃一点。晚上尽量清淡，大鱼大肉最好不要晚上吃，以免到晚上反酸影响睡眠质量。多以粥、软的米饭和蔬菜为主。觉得饱了就放下碗，千万不要因为自己怀孕就比原来多吃很多。

关于零食，我要再说一点。我在怀孕期间的零食基本上就是水果、酸奶和干果。干果最好的是核桃，对宝宝的大脑有很大好处！可惜我实在不喜欢吃核桃，就以其他干果代替，比如开心果、碧根果、山核桃等。杏仁尽量少吃，因为里面有微量的毒素，吃多了对宝宝不好。酸奶属于奶制品，每天下午和晚上可以分别喝一点，但尽量不要买那种里面带水果的——都是罐头做的。如果喜欢吃，可以自己买新鲜水果切在里面。

水果的问题我要多说两句，很多妈妈喜欢吃水果，而且一吃下来就没有节制。最后造成的结果，一是长胖，二是做葡萄糖耐量测试的时候过不了关，甚至还有妊娠期糖尿病的危险！我要说的是，水果吃了是好，但是每天不能吃太多，每天可以吃 2 ～ 3 种，但是每种的数量要少。我每天基本上在 1.5 个橙子、10 来颗大提子、半个火龙果、1/4 个菠萝、3 个小台芒、1 个苹果、1 个香蕉中任意选 2 ～ 3 种进行组合。有些妈妈跟我一样，喜欢吃榴莲。可以吃，但是要控制。因为榴莲偏热，而且糖分超级大。我有一个刚生完孩子的同学当时就是榴莲吃多了，结果很瘦的她都被医生判断有妊娠期糖尿病的危险。

每天的运动是必不可少的。我从孕 5 个月起开始练瑜伽，每周保证 1 ～ 2 次。每天都跟家人出去散步 0.5 ～ 1 小时。散步最好选择白天，这样在运动的同时还能晒晒太阳防止缺钙。如果因为上班不能保证，那每天晚饭后的散步也不可少哦！我在孕妇学校的医生跟我说，散步尽量要保持正常或稍快的步子，不要慢慢悠悠地走，否则起不到运动的效果。其实游泳更好，可惜我怀孕期间还是个旱鸭子，只能作罢！

关于旅游，我是个在家闲不住的人，半年不出去旅游就会长毛。我怀孕 5 个半月的时候跟老公一起去了趟香港，给宝宝买了一堆婴儿用品。刚 7 个月的时候又跟爸妈去了趟平遥。其实怀孕中期的旅游是完全没有问题的。只要别太累，出去玩一趟，调节下心情，反而有很大好处。

就这样，我平稳度过了孕中期，到 7 个月末的时候，我的体重长了 14 斤，到了 114 斤。但是因为没有像以前那样总对着电脑，皮肤反倒变好了很多，老公还称赞我怀孕反而变漂亮了。

四、怀孕晚期（8 个月～产前）

进入围产期以后，宝宝基本上大部分器官都已经长好了，只剩下长体重了。听从了美中宜和徐蕴华大夫的建议，我从 8 个月开始吃补钙和补血的药。虽然我一直没有缺钙和贫血的状态，但是医生说为以后宝宝的生长和哺乳打好基础，钙和铁还是要补的。我到孕晚期每天早上吃一粒钙尔奇D，晚上吃一粒力蜚能。

饮食的角度，宝宝这个阶段在长身体了，所以我特别注重营养。但我说的是营养，不是食品的数量！我每天保持 1 ~ 2 个鸡蛋，1 斤奶（早上半斤鲜奶，下午和晚上各一小瓶酸奶），3 种以上不同的蔬菜，2 种以上不同的水果，4 ~ 5 个山核桃或者碧根果，每天 2 两左右的瘦肉，一周吃 2 ~ 3 两动物肝脏。种类要丰富，但每种食物的数量要控制不要太多。我们家都是自己做饭，所以基本上可以保证品种和卫生。这样就既不会长胖，营养也很充足！

另外，个人认为，怀孕后不用太娇气。我到产前还经常给自己和老公做饭，洗碗，扫地。怀孕 8 个半月还跟老公一起坐在地上组装了新买的婴儿床。根据前人的经验，孕期多运动，多做家务，到时候生起来顺利，还快。反倒是那些这也不能干那也不摸的孕妈妈，真正到生的时候，那叫一个痛苦！体力肯定不够了。

7、8 个月的时候，宝宝在肚子里动得很厉害。所以我从 7 个月开始就经常跟她说话，还唱歌给她听。真的很管用，我一唱歌，她就会平静很多！这也是胎教的魅力吧！

在这里，我再强调一下心态的重要。我的外貌不算多沉鱼落雁，但很多人跟我说，你是我见过的最美丽的孕妇。我想他们指的是我平静乐观的心态和总是保持微笑的状态。刚怀孕的时候我的心态也不太好，总认为自己怀孕很辛苦，家人照顾自己是应该的。但其实并非如此，没有一个人有绝对的义务为另一个人做任何事情。如果他做了，我们反倒应该从内心深处表示感激。总是用一颗感恩的心去面对生活和周边的人，慢慢地你会发现其实生命中有很多特别幸福的瞬间。

到生产前的最后一天晚上，我上秤量体重是 123 斤，也就是我整个孕期长了 23 斤，对于这个数字我还是比较满意的。关键是，我觉得我整个孕期都很健康，充满了活力！在预产期还有一周的时候我还去郊外采摘了樱桃，虽然不能像孕前一样爬树，但是在树下等着老公往下扔樱桃，然后坐在地上狂吃的感觉还是不错啊！那时候经常有人问我是不是7、8个月了，我说还有两天就生了，看着他们惊讶的表情，感觉真过瘾。

五、补充和总结

关于饮食：要注重营养但不要贪多。调节饮食结构，没营养只长胖的东西尽量不吃。其实正常吃饭的营养基本上就足够了，不要以为了宝宝好的名义让自己多吃，结果肉全长自己身上哦！

关于运动：散步、瑜伽、游泳，尽可能多地参与！它们不但会让你保持好的体形，还能在生产的时候减少时间、减轻痛苦！

关于化妆和护肤：护肤方面，不要用美白祛斑的产品，因为基本上所有的美白品都含铅。除此之外，我基本上都继续沿用过去的牌子。没必要因为怀孕而专门换品牌，有时候皮肤习惯了的牌子反而安全。化妆品良莠不齐，所以我基本上很少化妆，但也不是绝对禁止，去面试，跟老公的重要约会，外出旅行拍照，我基本上还是会化一点淡妆，但晚上回家要立即用卸妆油洗干净，不要过夜。口红最好不要用，因为绝大部分口红里都含有重金属，会从嘴里吃进去影响宝宝。

关于娱乐和臭美：爱美爱玩是女人的天性，即使怀孕也不例外！很多准妈妈一怀孕就不顾及形象了，也再不参与任何的娱乐和集体活动。我要说，千万不要这样！怀孕是一件开心的事情，不应该成为你追求美丽和集体活动的负担。我怀孕期间也总跟朋友一起聚餐、逛街、看电影、买漂亮的衣服。除了裤子买了托腹裤，我基本上整个孕期都是穿正常的裙子和衣服。把自己打扮得美美的，才会有自信，心态也才好得起来。

关于妊娠纹：整个孕期，我一根妊娠纹都没有长。很多人说，这个是由个人体质决定的，其实并不完全，自身的保养也很重要。我从怀孕4个多月的时候开始晚上抹娇韵诗的身体油（Body Treatment Oil），早上抹妊娠纹霜（Stretch Mark Control），国内卖 420 元，我在香港买的，折合人民币 300 多块钱。如果觉得贵，也可以用那种超市里进口的特级初榨橄榄油代替。效果差不多，我就是不太喜欢橄榄油抹在肚子上的菜味……

关于文胸：这个见仁见智，我是主张整个孕期必须戴的。因为怀孕激素的原因，胸部会比以前大很多，如果这个时候不戴文胸，胸部很容易下垂。加上产后哺乳，到时候胸部真的下垂了，就很难再找回来了。想想都悲剧！在这里我推荐一种牌子的文胸，就是 Bravado 的丝雅，真的很好用，没有钢圈，但承托性很好！另外，产后多做扩胸和平躺胸推运动，也有利于克服胸部下垂。

关于心态：永远对生活和他人保持一颗感恩的心，不要认为别人照顾你是应该的，也不要因为一点小事就生气。妈妈一生气，宝宝也会跟着烦躁，更别提生气的女人永远都美丽不起来。也不要太娇气，整天都过分地小心翼翼。我怀孕期间还身轻如燕，自己开车、做饭、洗碗、扫地、逛街、找工作面试，一样都不落下，有时候看见地铁来了还能小跑两步！

总而言之，怀孕就是这样，要比原来小心，但是又不要太小心。我整个孕期都没什么特别忌口。我是个重庆姑娘，爱吃辣，爱吃冰激凌，吃了 N 次火锅，还吃了 N 支雪糕。很多老人和传统的孕妇总是顾及这个顾及那个，这也不敢吃那也不能动，搞得怀个孕极其郁闷！其实心情是最重要的，除了烟酒，基本上什么都可以吃，但是都要注意节制就好了。

针对前面提到的羊水太少问题，这个的确很悲催，因为我和医生一直都找不到导致我产前羊水过少的原因。我在 37 周产检的时候羊水有 11.6，到 40 周 +1 的时候 B 超就还只剩 4.8 了。事后分析来看，我认为这个跟我不太爱喝水还是有一定关系。B 超当天我被收入院后，因为不甘心直接剖，我要求了催产。当天晚上我喝了很多水，第二天一早羊水竟然恢复到 5.2！当时我还庆幸了一下，以为不用剖了。不过 B 超同时显示 5.2 的羊水全部在右边，左边羊水数量为 0。因为害怕没有羊水的缓冲，宝宝在宫内经不起强大的宫缩，我只能选择了剖。

所以提醒羊水少的 MM，一定要多喝水。还有一些类似爬楼梯、下蹲等较为强烈的"偏方催产运动"，还是不要参与了。它们不会加速宝宝与你见面的速度，还是让宝宝自己选择吧！所谓瓜熟蒂落，就是这个道理！

比节食更有效的瘦身方法，
从女神到猪再到女神的产后塑身秘籍

暖妈的老粉都知道，暖妈在孕期健康不发胖方面很有心得哦！整个孕期，从 100 斤怀孕，到产前一天的 123 斤，整个孕期只长了 23 斤。那生完暖暖之后呢？可以告诉大家，我怀孕的时候 100 斤，在我刚出月子的时候就回到了 105 斤，产后 4 个月的时候回到了 100 斤。

听上去很美，对不对？可如果我告诉你，在暖暖 6 个月之后，我的体重开始飙升，一度达到 115 斤！你会不会从内心深处飘过一丝幸灾乐祸的快感？相对于我的身高来讲，这真的是一个我死也不能接受的数字！好在我终于意识到自己已经是个无可救药的胖子了，然后开始下定决心科学瘦身。暖妈用了 3 个月的时间，终于又回到了 100 斤。一个好励志的故事对吧？大家想不想知道，两次瘦身，暖妈分别是怎么瘦回去的呢？

很多妈妈说："暖妈，其实谁都知道该怎么瘦，就是少吃多动

255

嘛！可我一节食就是觉得饿啊，该怎么办？"晕倒！少吃是没错，可谁告诉你少吃就等于让你节食啦！

一、产后瘦身误区

1.瘦身就是要节食

那些告诉你，瘦身就是要饿饿饿的人，根本就是在耍流氓！你让一个胖子饿半个月，他不会变成一个瘦子，而只会变成一个饿死的胖子。首先，每个人即使不吃不喝不运动，要维持身体各项机能正常运转，就需要一个基础代谢的热量值。为什么有的人吃很多都不胖，而有些人喝水都长肉，就是因为他们的基础代谢不一样。如果吃得过少，会导致身体的基础代谢值减低，慢慢进入一个"喝水都长肉"的可悲状况。所以，暖妈倡导健康合理的饮食，甚至"多吃多动"，而绝不是现在流行的自虐型——饿了就瘦了。（更重要的"一饿就瘦胸"这种事情，你以为我会那么轻易告诉你吗？）

2.瘦身就是减体重

真正的瘦身成功，根本就不是体重秤上的数字天天在缩小，因为数字的减少，更多的可能是减的水分。真正的瘦身成功，应该是在跟其他妈妈聚会的时候，她们的惊呼："天！你最近好像瘦了好多！"或者是衣服居然可以重新穿下 M 码！所以，告别天天上秤的习惯吧，一个星期数字不减少，可是一件很沮丧的事情。

3.我只想减脂，可不想有肌肉

0毫克！你真的想成为病快快的豆芽菜吗？更何况，肌肉其实每个人都有，只是每个人体脂率不一样，所以看上去会有不同的胖瘦感。有健康的肌肉线条并不等于一定要练出健美运动员一样的块状肌肉，那样的确不好看。可是，性感的马甲线、人鱼线，让人喷鼻血的翘臀，你真的不眼馋？

二、产后恢复期

产后的身材恢复，其实从月子里就开始了。当时我的两大瘦身利器就是：母乳和瑜伽。非常感谢暖爸，砸锅卖铁送我去了月子会所。也是在那里，我学到了健康科学的月子启蒙。

先说产后的饮食。听说在现代社会，传统月子里那些一天 1 只鸡、10 个蛋的恶补方式居然还存在着。那真不叫坐月子，那叫催猪！且不说身体到底能不能吸收这么多营养物质，光说这 1 只鸡、10 个鸡蛋的热量，不出半个月，就能催出一只出栏的大胖妈。还有很多人认为，刚当妈妈就是要多吃油多的汤水，才能更好地下奶，这其实更是一种误解。暖妈讲过，多喝水、多睡觉、心情好才是多产奶的关键。所以，月子里其实正常饮食就可以了，为了恢复体质，可以稍微吃得营养一些，比如多吃虾肉、鱼肉、牛肉、鸡肉，也可以适当多吃一点水果。但是，千万不要觉得吃的东西与下奶量和身体健康成正比，所以放开肚皮敞开了吃，那样吃成一个"纯圆皇后"谁也救不了你。

再说说产后的运动。对于月子里的运动，现在很多妈妈存在两极分化。一部分人觉得坐月子就应该躺在床上，这样才能养好身体。可殊不知，吃了睡睡了吃，不仅胖了自己，更会导致肠粘连等一系列问题。这种传统月子的弊端越来越被大家所认知，但现在还有一种错误的观点。这些人为了尽快恢复体形，产后半个月就开始上跑步机，产后 10 天就开始仰卧起坐。这些剧烈的运动其实也是不科学的，容易导致内脏下垂等问题。暖妈的月子运动经验是专门的产后瑜伽，以坐和躺的姿势为主，主要针对腹膈肌和盆底肌进行训练。暖妈是剖宫产的，这些产后瑜伽动作从产后 10 天左右就开始了，顺产的还可以更早。整个月子下来，相当有效果。我是在月子会所的教练带领下统一进行的，没这个条件的妈妈也可以自己在网上下载视频教程。谨记一定要循序渐进，不要过猛，欲速则不达。出了月子之后，就可以开始慢慢地进行跑步、仰卧起坐、平板支撑等一系列的塑身运动了。

最后说母乳。经历过的妈妈都知道，母乳真的是最消耗热量、最瘦身的办法！因为母乳有极高的营养和热量，所以我们吃进去的热量，很多都供给了母乳的产出。所以，感谢你家那个小小的"人肉吸奶器"吧！他才是你瘦身的关键！有些妈妈害怕身材走形胸部下垂，所以拒绝给宝宝母乳，真是大大的失误！

这样有序而健康的瘦身计划，我一直坚持到了暖暖 6 个月，也就是我上班之前。

三、体重飙升爆肥期

暖暖 6 个月，我开始上班。进入了日复一日的忙碌、加班、出差。在之后的一年里，我的生活开始了没有规律的时期。早出晚归，晚上回来觉得累了也不想再动，可是越不动就越觉得懒散。中午经常是客户食堂提供的自助用餐，因为同在一个项目组都是出差人，所以晚餐也经常是项目组一同聚餐。所以，我那一年基本上都进入了一个吃得多又不动的状态。

脸越来越圆，肚子越来越胖，原本宽松的直筒裤也变成了紧腿裤。终于有一天，我听见一个客户口中的"那个胖乎乎的经理……"居然在说我！苍天啊！我终于也有这一天！站在镜子前面，镜子里那个胖子是谁？站上体重秤，看着那个电子数字显示出 57.7 千克的时候，我终于觉得我胖到自己都不能忍了！我要减肥！我要做回辣妈！

四、二次瘦身期

饮食篇

立下要做回辣妈的誓言第二天，我的早餐主食就停掉了每天早上必吃的枫糖华夫饼，而改成了两节煮玉米，或者燕麦粥，煎全蛋也换成了蛋白卷（蛋黄的热量比蛋白高出好几倍，更别提煎鸡蛋用到的大量油），然后再配上一小碗煮蔬菜和几块水果，早餐真是丰盛营养又健康。（那时候我因为出差缘故，天天住酒店，所以早餐也都在酒店的自助餐厅解决，自己在家做的妈妈们可以参考我的搭配，简单化就行。）

午餐吃得比较丰富，鸡肉、鱼肉、牛肉都可以，还有蔬菜，外加一小碗米饭。晚餐尽量吃得简单，橄榄油沙拉＋燕麦粥经常是我的首选。

刚开始我说要减肥的时候，身边的同事们都故意诱惑我。"今天我们宵夜去吃椰子鸡哦！""今晚客户请吃牛排哦！"我都强忍住口水甩给他们一个白眼，然后独自回房间修炼。一两个星期以后，发现要坚持不暴饮暴食其实没那么难，相反因为饮食习惯变得健康了，整个人也更加神清气爽，更加精力充沛了！

运动篇

我给自己制订的瘦身计划分减脂和塑形两大部分，两大部分相辅相成，缺一不可。没有塑形光减脂，那么即使减脂下来也是松松垮垮的豆芽菜，毫无健康美感；没有减脂光塑形，即使练出了八块腹肌也只能掩藏在厚厚的脂肪底下……

（那时候，健身房是我每周必出没4次以上的地方。）

告别那些告诉你"只需要做这些动作，一个月练出马甲线"、"每晚仰卧起坐剪刀腿就能瘦肚皮"等的文章吧，因为那些根本就是谬论！仰卧起坐、背推、平板支撑等，这些都属于无氧运动的范畴，而无氧运动几乎与减脂无关！而最好的减脂运动是有氧运动，就是跑步、游泳、健身操，而有氧运动起码要坚持30分钟以上才会开始燃烧脂肪，所以请尽量坚持半小时以上，当觉得累到支撑不住时，告诉自己，好不容易进入减脂期了，多跑一会就能更瘦呢。

当然，光练有氧是不够的，因为跑步、游泳瘦下来的是脂肪，没有无氧运动，瘦下来也是松松的。要想练出漂亮的体形甚至翘臀、马甲线，适当的无氧运动是必需的。无氧运动大部分需要用到器械，可以针对自己需要练习的部位，选择合适的器械运动，比如背推、平板支撑、哑铃、卷腹机等。

其他注意事项

1.一旦下定决心减肥，就必须断绝一切高热量、低营养的食物。比如糖果、威化饼干、甜饮料等，尽量以天然的食物代替人工制成的食物。水果可以吃，但尽量选择低热量又有饱腹感的，比如火龙果、杨桃、香蕉（热量高但是饱腹感强）。主食一定要吃但是不要多吃，特别是晚餐。

2.前面提到的瘦身方案，适用于我这种需要在 3 个月内从 115 斤瘦回100 斤的胖子。瘦回正常身材需要保持的话，只需要健康饮食，少大吃大喝，不暴饮暴食，外加多带孩子出门运动，再时常去郊外散步、走路、呼吸新鲜空气就能轻松实现。通过健身瘦下来的体重，不像节食瘦身那么容易反弹。

3.瘦身没有捷径可走。你看电视里那些漂亮的维秘模特，很羡慕人家的身材吧？那是因为人家比你资质高还更努力。别想通过吃些什么日本酵素、低糖代餐，做点什么点穴推拿，甚至抽脂的方式来减肥。当初跟暖妈一起健身的队伍里，一大堆都是采用上述这些办法失败了以后才在暖妈的劝说下走入健身队伍的。

4.经常看见有文章宣扬"别怪老婆身材走样，都因为给你生了孩子"、"那些说光吃不胖的，生个孩子试试"之类的言论，暖妈只想说，真的不是这样！生孩子和母乳喂养并不是好身材的终结者。别怪身边的人放弃了你，那是因为你首先放弃了你自己！